Mitarbeitergespräche – motivierend, wirksam, nachhaltig

Praxis der Personalpsychologie
Human Resource Management kompakt
Band 16

Mitarbeitergespräche – motivierend, wirksam, nachhaltig
von Dr. Rüdiger Hossiep, Jennifer Esther Bittner und Wolfram Berndt

---

Herausgeber der Reihe:

Prof. Dr. Heinz Schuler, Dr. Rüdiger Hossiep,
Prof. Dr. Martin Kleinmann, Prof. Dr. Werner Sarges

Mitarbeitergespräche

motivierend, wirksam, nachhaltig

von

Rüdiger Hossiep, Jennifer Esther Bittner
und Wolfram Berndt

HOGREFE

GÖTTINGEN · BERN · WIEN · PARIS · OXFORD · PRAG
TORONTO · CAMBRIDGE, MA · AMSTERDAM · KOPENHAGEN

Dipl.-Psych. Dr. Rüdiger Hossiep, geb. 1959. Studium der Psychologie, Wirtschafts- und Sozialwissenschaften an der Ruhr-Universität Bochum (RUB). 1994 Promotion. 1985-1990 Tätigkeit in der Wirtschaft bei der Unternehmensberatung Schröder & Partner (Düsseldorf) und bei der Deutschen Bank AG (Frankfurt). Seit 1990 erneut an der Fakultät für Psychologie der RUB tätig und für Psychologische Diagnostik zuständig. Dort ebenfalls Leiter des „Pojektteams Testentwicklung". Rüdiger Hossiep arbeitet zudem als Führungskräftetrainer und im Bereich Management-Diagnostik und ist Autor einschlägiger Fachbücher sowie von psychologischen Testverfahren für den Fach- und Führungskräftebereich.

Dipl.-Psych./Dipl.-Oec. Jennifer Esther Bittner, geb. 1979. Studium der Psychologie mit Schwerpunkt Arbeits- und Organisationspsychologie und der Wirtschaftwissenschaften mit den Schwerpunkten Internationale Unternehmensrechnung und Ökonometrie an der Ruhr-Universität Bochum. 2006 Tätigkeit als selbständige Beraterin. Seit 2007 Unternehmensberaterin bei McKinsey & Company, Inc.

Dipl.-Psych. Wolfram Berndt, geb. 1960. Studium der Psychologie und Wirtschaftswissenschaften in Bochum und Wuppertal. Über 20 Jahre Erfahrung in verantwortlichen Positionen in nationaler und internationaler Personalarbeit in einem deutschen Großunternehmen. Derzeit tätig als Personalleiter für einen rund 1800 Mitarbeiter großen Teilbereich eines deutschen Standortes.

Bibliografische Information der Deutschen Nationalbibliothek

Die Deutsche Nationalbibliothek verzeichnet diese Publikation in der Deutschen Nationalbibliografie; detaillierte bibliografische Daten sind im Internet über http://dnb.d-nb.de abrufbar.

Göttingen • Bern • Wien • Paris • Oxford • Prag
Toronto • Cambridge, MA • Amsterdam • Kopenhagen
Rohnsweg 25, 37085 Göttingen

http://www.hogrefe.de
Aktuelle Informationen • Weitere Titel zum Thema • Ergänzende Materialien

Umschlagbild: F1online
Satz: Grafik-Design Fischer, Weimar
Druck: AZ Druck und Datentechnik GmbH, Kempten
Printed in Germany
Auf säurefreiem Papier gedruckt

ISBN 978-3-8017-1717-9

Inhaltsverzeichnis

1 Einführung in die Thematik

1.1 Begriffsklärungen

Von der Fiktion des multifunktionalen Beurteilungssystems über das Mitarbeitergespräch zum Performance Management System und wieder zurück zum Mitarbeitergespräch? So könnte man die Entwicklung der letzten 30 Jahre auf dem Feld von Führung, Mitarbeiterbeurteilung und Personalentwicklung etwas pointiert beschreiben.

Zu Beginn der 70er Jahre erreichten die von den USA in den deutschsprachigen Raum einfließenden Bemühungen um systematische Instrumente zur Gesprächsführung und zur betrieblichen Mitarbeiterbeurteilung einen ersten Höhepunkt. Nahezu alle größeren Unternehmen hatten ihre eigenen Systematiken entwickelt. Diese wurden als Instrumente zur Lösung vielfältiger Fragen der Personalführung gesehen, wie eine optimale Personaleinsatz- und Nachfolgeplanung, eine leistungsgerechte Entgeltfindung oder eine zielgerichtete Personalentwicklung. Auch mit gehörigem zeitlichen Abstand trifft die eingangs formulierte Beschreibung – abgesehen von der Wortwahl und der Verwendung der „Modebegriffe" – durchaus auf zahlreiche Aussagen zu aktuellen, umfassenden Konzepten des Performance Management zu. Die Führung von Mitarbeitern wird als organisationales Kernthema seit Jahrzehnten analysiert, diskutiert und trainiert und auch aktuell ist die Forschung bemüht, umfassende Ansätze zu entwickeln.

Grundlegende Herausforderungen bleiben für jede Führungskräftekohorte die gleichen basalen Kernkompetenzen, die stets aufs Neue von Unternehmen und Mitarbeitern eingefordert werden. („It is like going to mass, you have to say it over and over", wie sich ein langjährig international tätiger Personalmanager äußerte.)

Nicht zuletzt befördert durch das Inkrafttreten des Betriebsverfassungsgesetz 1972, aus dem der Anspruch abgeleitetet wird, dass jeder Mitarbeiter über seine Leistungen und sein Verhalten Rückmeldung zu erhalten hat, wurde das idealtypische Modell „Mitarbeitergespräch" schnell zu einem in deutschen Unternehmen verbreiteten Ansatz. Seit Jahrzehnten sind hierbei zahlreiche Varianten der Implementierung des Mitarbeitergesprächs (MAG) erprobt worden: Von der Einführung als reines Tool zur Beurteilung und Entwicklung von Mitarbeitern unter neuem Etikett bis hin zum umfassenden Führungsmodell inklusive damit verknüpfter Führungs- und Unternehmensgrundsätze.

Fest steht: Das Mitarbeitergespräch als das Gespräch mit dem Mitarbeiter, bei dem *er* die Majorität der Redezeit inne hat und mit dem Vorgesetzten in einem konstruktiven Dialog steht, *bleibt* eines der zentralen betrieblichen Instrumente und ist mit hohen Erwartungen behaftet (Kahlen, 2002; Heine,

2006; Prothmann, 2006). Das Mitarbeitergespräch gehört in der Gesamtschau zu den wichtigsten Personalführungs- und Motivationswerkzeugen aller großen Unternehmen bzw. Organisationen (vgl. Kuhnert, zitiert nach Reppesgaard, 2005). Sarges (1995) betont, dass insbesondere aus Effizienzgründen Mitarbeitergespräche eine zunehmend prominentere Rolle spielen. Sie dienen einerseits der Einschätzung und Beurteilung von Verhalten, Fertigkeiten/Fähigkeiten, Interessen, Motiven, Bestrebungen und Eigenschaften. Andererseits wird mit Mitarbeitergesprächen die Beeinflussung von Verhalten durch die dahinter liegenden Könnens- und Wollensfaktoren (skills and wills) verfolgt. Die Bedeutung des Instruments verdeutlichen auch über 370.000 Fundstellen im Internet in deutscher Sprache und etwa 150 lieferbare deutschsprachige monografische Publikationen zu diesem Schlagwort (Quellen: Google, Amazon; Stand: Juni 2007).

Allerdings ist einzuräumen, dass sich das Mitarbeitergespräch in den letzten Jahren von der Schwerpunktsetzung und Facettierung her verändert hat. Lag noch zum Zeitpunkt der Veröffentlichung von Neubergers (2004) auch heute noch lieferbarem Klassiker „Das Mitarbeitergespräch" Mitte der 70er Jahre lediglich ein Focus auf der Kommunikation von Sach- und Beziehungsinhalten im betrieblichen Gespräch, so schwenkte zu Beginn der 80er Jahre der Blick nahezu vollständig zum Thema Kommunikation. Zielvereinbarung, Leistungsmessung und Beurteilung waren häufig nur noch Randthemen. Erst Ende der 80er fand in zahlreichen Betrieben und Institutionen eine Refocussierung auf den Dreiklang Kommunikation, Zusammenarbeit und Zielarbeit (d. h. Zielvereinbarung, Beurteilung und Leistungsmessung; vgl. Will, 1992) statt. Ab den späten 90er Jahren gaben Ansätze wie die Balanced Scorecard, Competency Modelle und Fragen des Performance Management (s. u. a. Jetter, 2004) neue Anstöße, auch das Mitarbeitergespräch weiterzuentwickeln und neuen, manchmal auch zeitgeistgemäßen Anforderungen anzupassen. Mittlerweile wird häufig die online-gestützte Durchführung dieser Verfahren angepriesen.

Im vorliegenden Band der Reihe „Praxis der Personalpsychologie" werden aktuelle Grundlagen und Anwendungsbeispiele des Mitarbeitergesprächs vorgestellt. Die Analyse und Darstellung fokussiert hierbei besonders darauf, welche Faktoren, Kompetenzen und Fähigkeiten beim Vorgesetzten und Mitarbeiter entscheidend für ein glaubwürdiges, zielorientiertes und damit nachhaltiges Mitarbeitergespräch (als die „Königsdisziplin positiver Führung", wie Kienbaum es 2003 bezeichnet) sind.

1.2 Definition

Bei der Sichtung gängiger Standardwerke zur Allgemeinen Psychologie (Häcker & Stapf, 2004), zur Managementlehre (Staehle, 1999; Steinmann & Schreyögg, 2005), zur Organisations- und Personalpsychologie (Weinert,

2004), zur Sozialpsychologie (Auhagen & Bierhoff, 2003) oder sogar zum Thema Führung (Neuberger, 2002) fällt auf, dass der Begriff „Mitarbeitergespräch“ in der Regel nicht expliziert wird oder als solcher gar nicht in den Stichwortverzeichnissen enthalten ist.

Demgegenüber findet sich in der sonstigen wissenschaftlichen und vor allem der eher populären Literatur eine vielseitige Verwendung des Begriffs. Von „dem Mitarbeitergespräch“ zu sprechen, ist allerdings kaum möglich, da es sich nicht um eine eindeutig definierte, fest abgrenzbare Gesprächsform handelt. Das Mitarbeitergespräch hat viele Gesichter und wahrscheinlich noch mehr Bezeichnungen, unter denen es in wissenschaftlichen Publikationen, Lehrbüchern, Ratgebern oder in firmeninternen Veröffentlichungen adressiert wird (vgl. dazu die Übersicht in Tabelle 1):

Tabelle 1:
Begriffsvielfalt rund um das Mitarbeitergespräch

– Anerkennungsgespräch	– Konfliktlösungsgespräch
– Antrittsgespräch	– Kontaktgespräch
– Aufklärungsgespräch	– Kontrollgespräch
– Aufwärtsbeurteilung	– Kritikgespräch
– Austrittsgespräch	– Laufbahngespräch
– Belobigungsgespräch	– Lehrgespräch
– Beratungsgespräch	– Maßnahmengespräch
– Beurteilungsgespräch	– Mitarbeiterführungsgespräch
– Bewerbungsgespräch	– Motivationsgespräch
– Coachinggespräch	– Performance Dialogue
– Commitment-Dialog	– Personalentwicklungsgespräch
– Delegationsgespräch	– Planungsgespräch
– Diagnosegespräch	– Potenzialgespräch
– Disziplinargespräch	– Präventionsgespräch
– Einführungsgespräch	– Probezeitablaufgespräch
– Entwicklungsgespräch	– Problemlösungsgespräch
– Ernennungsgespräch	– Qualifizierungsgespräch
– Fachgespräch	– Quartalsgespräch
– Feedbackgespräch	– Rückkehrgespräch
– Fördergespräch	– Sachgespräch
– Führungsdialog	– Schlechte-Nachricht-Gespräch
– Gehaltsgespräch	– Standortbestimmung
– Halbjahresgespräch	– Tadelgespräch
– Informationsgespräch	– Tantiemegespräch
– Interview	– Trennungsgespräch
– Jahresabschlussgespräch	– Unterweisungsgespräch
– Jahresgespräch	– Vorgesetztengespräch
– Januargespräch	– Zielabgleichgespräch
– Kompetenzbasiertes Interview	– Zielerreichungsgespräch
– Konfliktgespräch	– Zielvereinbarungsgespräch

Wissenschafts-fokussierte Wirtschaftspsychologen haben eigene (Kurz-) Definitionen entwickelt; exemplarisch seien Fiege, Muck und Schuler (2006) genannt: Das Mitarbeitergespräch ist „ein institutionalisiertes Gespräch mit formalem Anlass, fester Terminierung, höherem Zeitbedarf und ausreichender Vorbereitung der Gesprächspartner“ (S. 484).

Auch wenn keine allgemeingültige und verbindliche Definition existiert, finden sich verschiedene Elemente als gemeinsame Basis stets wieder. Hierzu gehört vor allem die Abgrenzung des Mitarbeitergesprächs vom aktuellen Tagesgeschäft, der Hinweis auf Planung und Vorbereitung des Gesprächs, die Festlegung bestimmter Inhalte, wie etwa Zielvereinbarungen, Personalentwicklung und Beurteilung sowie Feedback (Hofbauer & Winkler, 2004). Das Mitarbeitergespräch leitet seine Bezeichnung von der Forderung ab, dass der Mitarbeiter in diesen Gesprächen den überwiegenden Redeanteil haben sollte, jedoch dürfte nach aller praktischen Erfahrung der Redeanteil des hierarchisch höheren Gesprächspartners im Durchschnitt bei etwa 70 Prozent liegen, im Einzelfall sogar noch deutlich höher. Sarges (1995) führt aus, dass insbesondere Führungskräfte den Nutzen des Hörens für das Sprechen unterschätzen. Generell ist als Voraussetzung für eine sinnvolle Durchführung von Mitarbeitergesprächen eine funktionierende Gesprächskultur zu nennen.

Definition

Der vorliegenden Publikation liegt folgende Definition vom Mitarbeitergespräch bzw. von Mitarbeitergesprächen zugrunde:

> Das Mitarbeitergespräch ist ein zentrales Führungsinstrument, das in Form eines Dialoges Führungskraft und Mitarbeiter auf einer Ebene zusammenbringt. Es umfasst alle institutionalisierten oder formalisierten Personalführungsgespräche, die der Vorgesetzte mit einem Mitarbeiter in Wahrnehmung seiner Führungsaufgabe gestaltet, wobei eine beiderseitige Vorbereitung auf das Gespräch zugrunde liegt. Grundpfeiler des Gesprächs sind unter der Führungsperspektive auch die Thematisierung der Zusammenarbeit und die Ermutigung zu Rückmeldungen über das Führungsverhalten. Die Inhalte von Mitarbeitergesprächen sind vielgestaltig und können abhängig vom Gesprächsanlass variieren. Bestandteile sind häufig eine umfassende Bilanzierung, die Verständigung über Ziele und die Besprechung der weiteren Entwicklung des Mitarbeiters.

Ziele des MAG

Es existiert eine Reihe von Beweggründen für die Einführung von Mitarbeitergesprächen. Besonders häufig verfolgte Ziele im Zusammenhang mit dem Mitarbeitergespräch sind:

- Entwicklung einer tragfähigen, langfristig angelegten, vertrauensvollen Zusammenarbeit
- Definition und Vereinbarung von klaren Aufgaben, Zuständigkeiten und Verantwortlichkeiten

- Offenlegung nicht nur von gemeinsamem Verständnis, sondern auch von Auffassungsunterschieden
- Vereinbarung von individuellen Zielen und regelmäßige Überprüfung der Zielvereinbarungen
- Gegenseitiges Geben und Empfangen von Feedback
- Klärung von gegenseitigen Erwartungen
- Identifizierung von Verbesserungsmöglichkeiten und Beseitigung von Hindernissen für die volle Leistungsentfaltung
- Abgleich von Fähigkeiten und Einstellungen mit Aufgaben und Erwartungen
- Klärung individueller Entwicklungsperspektiven
- Vereinbarung von Trainings- und Entwicklungsmaßnahmen

1.3 Abgrenzung zu ähnlichen Konzepten

Ein Konzept, das häufig in einem Zuge mit dem Mitarbeitergespräch genannt wird, ist die Leistungs- bzw. Mitarbeiterbeurteilung. Das Mitarbeitergespräch, entstanden als Reaktion auf die Nachteile der klassischen Leistungsbeurteilung, ist gegenüber dieser folgendermaßen abzugrenzen: Während bei Mitarbeitergesprächen der Fokus auf Kommunikation, Motivation und Entwicklung der Mitarbeiter sowie dem Kontakt zwischen Mitarbeiter und Vorgesetztem liegt (vgl. Vollmer, 1984; Baldegger, 2003), sind Beurteilungssysteme eher auf die vergleichende Datengewinnung und die Kontrolle der Mitarbeiter ausgelegt (vgl. Breisig, 2005). In Tabelle 2 werden beide Systeme einander gegenübergestellt. Ein zentraler Unterschied liegt in der Gerichtetheit der Kommunikation. Bei Leistungsbeurteilungen findet Kommunikation von oben nach unten statt, während beim Mitarbeitergespräch primär ein partnerschaftlicher Dialog angestrebt wird.

Tabelle 2:
Zur Abgrenzung zwischen Mitarbeitergespräch und Leistungsbeurteilung (vgl. Kiefer, 1996)

	Mitarbeitergespräch	**Leistungsbeurteilung**
Ausgangspunkt	Zielvereinbarung	Stellenbeschreibung bzw. Tätigkeitsbeschreibung
Mittelpunkt	Aufgabe	Person
Schwerpunkt	Personalführung	Personalplatzierung bzw. Personalauswahl
Standpunkt	Vorgesetzter ↔ Mitarbeiter	Vorgesetzter → Mitarbeiter

Knebel (1994) nennt in diesem Kontext Hauptkritikpunkte an formalisierten Beurteilungssystemen. Sie seien häufig zu kompliziert und aufwendig in der Handhabung und immer wieder würde statt den tatsächlichen Leistungen und dem Verhalten eines Mitarbeiters bewusst oder unbewusst Sympathie als Beurteilungsgrundlage herangezogen. Zudem würde durch die starke Formalisierung vieler Beurteilungssysteme mit umfassenden Bögen, die auszufüllen sind, die Kommunikation zwischen Führungskraft und Mitarbeiter erschwert. Langfristig habe sich in der Praxis gezeigt, dass die Rolle der Ergebnisse von betrieblichen Beurteilungsprozessen im Rahmen von Besetzungsentscheidungen oder Personalentwicklungsmaßnahmen vergleichsweise marginal ist. Berührungspunkte des MAG zu benachbarten Konzepten wie z. B. dem 360°-Feedback werden in Kapitel 4.4 thematisiert.

1.4 Das Credo nachhaltiger Mitarbeitergespräche

Erfahrene Führungskräfte und Personalpraktiker wissen, dass sich Führung primär im Dialog zwischen Vorgesetztem und Mitarbeiter – also insbesondere im MAG – vermittelt. Ob dabei im Ergebnis eine Konstellation entsteht, in der der Mitarbeiter seiner Führungskraft „folgt", bestimmt als Nachwirkung im Wesentlichen die Führungsfähigkeit des vorgeordneten Gesprächspartners.

Aspekte der Führungswirksamkeit

Abbildung 1:
Im MAG zentral vermittelte Aspekte der Führungsfähigkeit bzw. Führungswirksamkeit

Bei den Überlegungen, ob förderliche oder hemmende Voraussetzungen für ein glaubwürdiges, zielorientiertes und nachhaltiges Mitarbeitergespräch gegeben sind, scheint ein Faktor entscheidend, der in der vorliegenden Literatur nur bedingt berücksichtigt wird. Er lässt sich mit folgender Frage eingrenzen: *Welche Einstellungen, Werte und Eigenschaften bringen die Gesprächspartner ins Gespräch ein?*

Diese Elemente, deren Ausprägung durch die jeweilige Persönlichkeit bestimmt wird, sind entscheidend für die Führungsfähigkeit eines Vorgesetzten. Mitarbeiter nehmen die im Gespräch wirksam werdenden Einstellungen, Werte und Eigenschaften häufig auch unbewusst wahr. Abbildung 1 gibt einen Überblick über wesentliche Facetten der Führungsfähigkeit, die im MAG vermittelt werden und die Führungswirksamkeit eines Vorgesetzten bedingen, fördern und unterstützen.

Eine weitere – noch entscheidendere Frage lautet: *Wie gut lassen sich diese Faktoren entwickeln bzw. trainieren?* Was man sicherlich lernen kann, ist der Umgang mit Instrumenten wie z. B. einem Beurteilungssystem, aber auch Techniken der Gesprächsführung und das Wissen über Grundprozesse der Führung. Auf diese Weise ist der Wirkungsgrad des MAG zu optimieren, sozusagen das „Feintuning". Was hingegen kaum einer Veränderung zugänglich ist, sind die meisten Einstellungen, Überzeugungen und persönlichen Festlegungen, die den Umgang mit Strategien und Instrumenten erst wirksam machen (vgl. Abbildung 2).

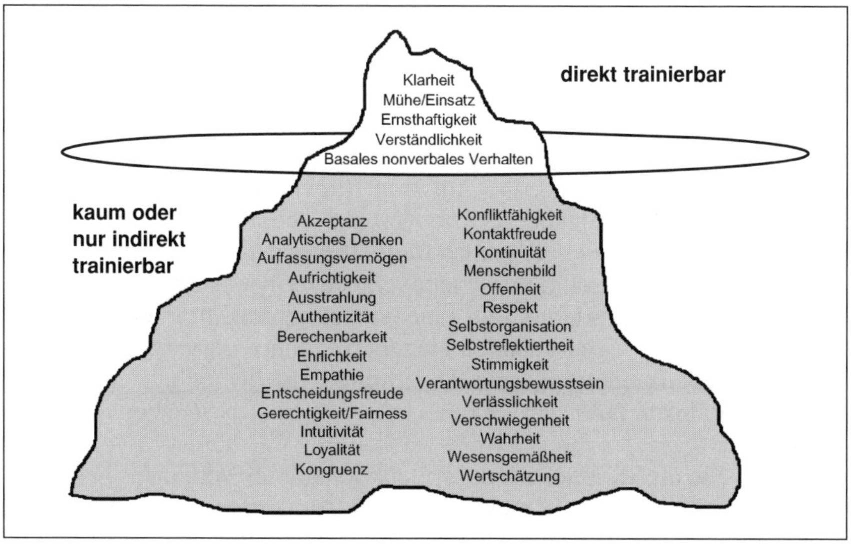

Abbildung 2:
Eisberg-Modell trainierbarer und weniger trainierbarer Aspekte für das Mitarbeitergespräch (s. z. B. Spencer & Spencer, 1993)

Einige grundsätzlich wünschenswerte Werthaltungen und Einstellungen gegenüber anderen Zeitgenossen (innerhalb und außerhalb der Arbeitswelt) sind in Abbildung 2 skizziert. Einige davon lassen sich trainieren, andere nur indirekt oder gar nicht.

Authentizität und Berechenbarkeit sind zentral

Gewarnt sei vor dem sog. „Verhaltens-Sonntagsanzug“ (Schulz v. Thun, 2006), den manche Führungskräfte speziell zum Mitarbeitergespräch anlegen. Damit stellt sich die Grundfrage nach der Authentizität und Berechenbarkeit von Führungskräften überhaupt. Mitarbeiter lernen nach nur einem Durchgang des institutionalisierten Mitarbeitergesprächs, Diskrepanzen zwischen Verhaltens-Alltags- und Sonntagsanzug zu identifizieren. Ja, sie bemerken diese Unterschiede nicht nur, sondern stellen ihre Verhaltensweisen entsprechend darauf ein, so dass die „guten Absichten“ des Vorgesetzten letztlich konterkariert werden.

Der konstruktive Dialog im Mitarbeitergespräch ist an eine Reihe von Voraussetzungen gebunden. Vertrauen haben und Vertrauen geben sind dabei zentrale Begriffe. Die angesprochenen Lücken zwischen Bekundungen im Gespräch und erlebtem Führungs-(oder Mitarbeiter)verhalten gehen unverzüglich zu Lasten des Kredits an Vertrauen. Zweifel an Aufrichtigkeit, Berechenbarkeit oder Ehrlichkeit der Gesprächspartner wirken nachhaltiger negativ als etwas unglückliche Formulierungen vor dem Hintergrund mangelnder rhetorischer Fähigkeiten. Wobei hier betont sein soll, dass unter Berechenbarkeit nicht berechnendes Verhalten zu verstehen ist, sondern vielmehr dem Mitarbeiter die Möglichkeit eröffnet werden soll, sich auf seine Führungskraft adäquat einzustellen und nicht zum Spielball der Launen des Vorgesetzten zu werden. Da dieser Themenkomplex von herausragender Bedeutung ist, sollen bereits im Folgenden einige plakative praxisnahe Empfehlungen für Vorgesetzte gegeben werden, die in Kapitel 2 noch weiter ausdifferenziert werden:

Nonverbales Verhalten

- Achten Sie auf ihr nonverbales Verhalten, angefangen mit einer angemessenen Körperhaltung bis hin zum Blickkontakt und ihrer Mimik. Kognitiv leichter zu steuerndes nonverbales Verhalten (z. B. zugewandte Sitzhaltung) kann vielleicht noch trainiert werden, anderes basales nonverbales Verhalten kann meist sehr schlecht „überspielt“ werden, (Beispiel: „Ja, ja!“ als Antwort auf eine Anregung des Mitarbeiters zusammen mit einer wegwischenden Handbewegung wird von diesem wohl kaum als Aufmunterung oder Zustimmung erlebt). Schenken Sie also der Stimmigkeit zwischen verbalen und nonverbalen Signalen Aufmerksamkeit.

Kein Wortgeklingel!

- Achten Sie als Vorgesetzter auf rollenkompatibles Verhalten: Verbrüderung mit dem Mitarbeiter, oberflächliche Äußerungen wie: „Wir sitzen doch alle im gleichen Boot“ werden nicht als Souveränität und als „gute Führung“ aufgenommen, sondern lassen häufig kontraproduktive Bilder im Kopf des Mitarbeiters ablaufen („Das Problem ist nur, dass ich im Gegensatz zu ihm rudern muss!“).

- Nicht in die Trickkiste greifen! Vermeiden Sie unter allen Umständen Manipulationen, wie z. B. Suggestivfragen oder falsche Versprechungen („Beim nächsten Mal sind sie dabei.“). Auf diese Tricks fallen Mitarbeiter maximal einmal herein. Für einen kurzfristigen Vorteil im Gespräch sollten Sie nie Glaubwürdigkeit und Vertrauen aufs Spiel setzen!

Nicht in die Trickkiste greifen!

- Verzichten Sie auf eine übertrieben ausgefeilte Rhetorik: Mut zur Klarheit und Einfachheit der Sprache. Das gilt besonders, wenn Sie es mit weniger eloquenten Mitarbeitern zu tun haben. Hier kommt rhetorisches Geschick – auch wenn Ihnen gelungene Formulierungen selbst noch so viel Freude bereiten – nur allzu häufig als Machtdemonstration und Versuch der Einschüchterung herüber. In letzter Konsequenz führt dies dazu, dass der Mitarbeiter aufgibt, zu widersprechen, da er einen Disput mit Ihnen ja ohnehin nicht „gewinnen“ kann (das eigentliche Problem besteht dann häufig darin, dass diese „Faust in der Tasche“ vom Vorgesetzten nicht mehr als Fingerzeig wahrgenommen und richtig zugeordnet wird).

Keine überzogene Rhetorik!

- Insgesamt ist es nicht tragfähig, das Mitarbeitergespräch als trojanisches Pferd bzw. Attrappe zu verwenden, um dem Mitarbeiter möglichst geschickt etwas „zu verkaufen“ (Motto: „Sie müssen Ihre Mitarbeiter am besten so geschickt über den Tisch ziehen, dass diese die dabei entstehende Reibungsenergie als Nestwärme empfinden!“). Ein gelungener und nachhaltiger Führungsprozess auf Basis eines dialogischen Gesprächs verträgt sich keinesfalls mit manipulativen Elementen, die ohnehin über kurz oder lang aufgedeckt werden. Da kaum etwas demotivierender ist als eine entlarvte Manipulation, wird anschließend eine wirksame Führung so gut wie unmöglich.

Keine Manipulationen!

- Haben Sie Mut zur Aufrichtigkeit, sprechen Sie auch unangenehme Botschaften aus. Es zeugt auch von Respekt gegenüber dem Mitarbeiter, ihn offen mit negativen Wahrheiten zu konfrontieren anstatt darüber hinwegzugehen. Im Allgemeinen haben die Mitarbeiter ein recht sicheres Gespür dafür, wo gravierende Probleme liegen. Haben Sie Zivilcourage (Wer so agiert, kann führen!), adressieren Sie persönliche Kritik deutlich, nennen Sie die Dinge beim Namen und erarbeiten Sie *gemeinsam* Lösungsvorschläge!

Mut zur Wahrheit!

Folgende „goldene Regeln“ sind vor dem Hintergrund paradoxer Interventionen einzuordnen und haben Glossencharakter. Gleichwohl haben diese Regeln realitätsnahe Anklänge, so dass schon viel gewonnen ist, wenn zumindest hinreichend deutlich wird, was denn in Mitarbeitergesprächen zu unterlassen ist.

Vorsicht: Satire

Zehn goldene Regeln: So lassen Sie jedes MAG scheitern

1. Reden Sie möglichst viel, aber bleiben Sie hinreichend ungenau: „Wer nicht überzeugen kann, sollte wenigstens verwirren".
2. Beantworten Sie Fragen an den Mitarbeiter generell selbst: „Der legt ja sowieso immer wieder dieselbe Platte auf".
3. Lassen Sie abwechselnd den Hierarchen heraushängen und verbrüdern sich mit dem Mitarbeiter: „Zuckerbrot und Peitsche".
4. Lassen Sie es bei pauschalem Lob und allgemeiner Kritik bewenden: „Dann kann man Sie später auch nicht darauf festnageln".
5. Schaffen Sie eine hinreichend bedrohliche Atmosphäre und erzeugen Sie Zeitdruck: „Wenn der Mitarbeiter Angst bekommt, nickt er sowieso alles ab".
6. Fassen Sie große Teile der Ergebnisdokumentation bereits vor dem Gespräch ab: „Bei solchen Gesprächen kommt ja eh' nichts Neues 'raus".
7. Lassen Sie Fakten und erzielte Ergebnisse aus der Vergangenheit außen vor; es ist eh' Schnee von gestern: „Neues Spiel – neues Glück".
8. Reflektieren Sie nicht lange über förderliches Feedback; sagen Sie einfach, was Ihnen spontan in den Sinn kommt: „Aus der Hüfte schießen reicht fast immer".
9. Wozu über Personalentwicklung sprechen, Sie haben ja auch keine Zeit für Fortbildung: „Entweder man kann's oder man kann's nicht".
10. Karrierepläne: Wieso das denn; wer kann schon Ihren Job machen außer Ihnen selbst: „Nobody does it better …".

1.5 Bedeutung für das Personalmanagement

Herausragende Bedeutung

Dem Mitarbeitergespräch kommt eine herausragende Bedeutung für das Personalmanagement zu. Eine Reihe von Studien belegt die große Verbreitung des Mitarbeitergesprächs (vgl. Kap. 3.3 für einen Überblick zum Forschungsstand). Entscheidend dabei ist, dass es nicht als bloßes Tool eingesetzt wird. Beim Mitarbeitergespräch zählt wie in jedem Gespräch primär die Haltung der Gesprächspartner und nicht die möglichst perfekte Inszenierung.

Rezepte schaden eher

Führungskräfte fragen nur zu gern, welches Rezept (in der Regel werden Begriffe wie Leitlinien, Fahrplan, roter Faden, etwas Greifbares etc. genannt) sie anwenden können, damit ein Mitarbeiter eine bestimmte Verhaltensweise abstellt, oder ein anderes Verhalten zeigt – und werden hier von einer großen Zahl an vermeintlich griffigen Ratgebern plakativ bedient (zur Gegenrede vgl. Sprenger, 2005). Jedoch weiß jeder langjährig erfahrene Personalpraktiker, dass Führung zentral im Gespräch stattfindet und nicht durch die dosierte Anwendung von Tools zum Tragen kommt. Somit kommt der Gesprächsführung und dem Mitarbeitergespräch eine Schlüsselfunktion für die Wahrnehmung der Führungsaufgabe eines Vorgesetzten zu. In diesem Sinne versteht sich dieser Band auch nicht als Quelle von „Tipps und Tricks", sondern verfolgt den Anspruch, Erkenntnisse der Allgemeinen und der Personalpsychologie für das Mitarbeitergespräch aufzubereiten und so für den Unternehmensalltag anwendbar zu machen. Der „Trick" eines erfolgreichen Mitarbeitergesprächs besteht insofern gerade darin, dass es *kein* Trick ist!

Zur Gesprächsführung allgemein stammen aus der Angewandten Psychologie vielfältige Belege für die Überlegenheit bestimmter Gesprächsführungsstile. Stichworte sind etwa klientenzentrierte Gesprächstherapie, Führungsstilforschung und Kommunikationsforschung (z. B. Gebert & Ulrich, 1990; Watzlawick, Beavin & Jackson, 2007). Aussagekräftige Studien zum Mitarbeitergespräch existieren hingegen nur wenige; besonders da sich die Aufzeichnung und Auswertung der vertraulichen und konkreten Gesprächssituation im Unternehmen fast immer verbietet. Daher finden sich in der Mehrheit lediglich Studien, in denen Vorgesetzte bzw. Mitarbeiter zu den MAG-Situationen befragt wurden (genauer s. Kap. 3.3). Gleichwohl gehören Mitarbeitergespräche zu den wichtigsten Personalführungs- und Motivationsinstrumenten aller größeren Unternehmen. Während der Nutzen erkannt ist, gibt es jedoch gewisse Schwierigkeiten bei der Umsetzung, da es sich um einen „Balanceakt zwischen Zwischenmenschlichem und Betriebswirtschaftlichem" handelt (vgl. Kuhnert, zitiert nach Reppesgaard, 2005).

1.6 Betrieblicher Nutzen

Warum der Aufwand für ein Mitarbeitergespräch – wir reden doch eh ständig miteinander? Als Antwort auf diesen kritischen Einwand ist zunächst festzustellen, dass das MAG es ermöglicht, den „Planungs- und Steuerungsanspruch der Organisationen mit dem Aspekt aktiver, mitverantwortlicher Beteiligung des Mitarbeiters" effektiv zu verbinden (vgl. Kießling-Sonntag, 2000, S. 238). So ergibt sich also ein durchschlagendes Nutzenargument für das Mitarbeitergespräch: Es schafft in der Regel Klarheit; und sei es im ungünstigsten Falle Klarheit über Auffassungsunterschiede („We agree to disagree").

Fächert man den Begriff der Klarheit näher auf, so lassen sich folgende Facetten darstellen, die im Mitarbeitergespräch erreicht werden können:

Klarheit über
– Aufgaben und Ziele des Mitarbeiters im Rahmen der Ziele des Unternehmen, der Erwartungen der Kunden und Lieferanten – erwartete Leistungen und Kriterien, um die Resultate des Mitarbeiters zu messen/zu beurteilen – den Beitrag des Mitarbeiters zu Oberzielen und Strategie des Unternehmens, beginnend mit der Passung zu den Zielen des Vorgesetzten und der Kollegen – die Qualität der Zusammenarbeit zwischen Vorgesetztem und Mitarbeiter, aber auch über die Rolle im Team der Kollegen – den Führungsstil des Vorgesetzten, inwiefern wird er als förderlich oder als hinderlich erlebt – die Definition von Handlungsspielräumen/Freiheitsgraden des Mitarbeiters und die damit verbundenen Verantwortlichkeiten – die Adäquatheit der Organisationsstrukturen, Arbeitsprozesse und Arbeitsmittel sowie des Umfeldes – Zielkaskadierungsprozesse und die damit verknüpften Verantwortlichkeiten auf allen Ebenen – die Entwicklungswünsche und -notwendigkeiten sowie Karrierevorstellungen des Mitarbeiters und seine Karrierechancen – Auffassungsunterschiede bezüglich der Zielsetzungen, der Zusammenarbeit oder der Entwicklungspfade

Der Nutzen des Mitarbeitergesprächs erstreckt sich über alle direkt oder indirekt beteiligten Gruppen. Diese können neben dem Mitarbeiter und seinem Vorgesetzten auch Kollegen, Kunden, dem Mitarbeiter wiederum unterstellte Mitarbeiter, höhere Vorgesetzte wie auch das Unternehmen selbst sein. Tabelle 3 enthält einen Überblick über verschiedene Nutzenaspekte aus Sicht der Hauptnutzenträger. Die Mitarbeiter können ihre Selbstwahrnehmung mit der Außenwahrnehmung abgleichen und ggf. kann auf dieser Basis eine persönliche Weiterentwicklung und damit auch der Karrierefortschritt angestoßen werden. Für Vorgesetzte ist insbesondere eine erhöhte Transparenz maßgeblich. Auch für Kollegen, interne und externe Kunden birgt das Mitarbeitergespräch einen Nutzen, da nicht zuletzt hierdurch die Qualität der Zusammenarbeit optimiert werden kann.

Belastbare Gesprächskultur rechnet sich

Eine belastbare Gesprächskultur, die sich besonders im MAG manifestiert, rechnet sich auch betriebswirtschaftlich für das Unternehmen. Durch die Konzentration auf den Personalentwicklungsaspekt wird die Qualifi-

Tabelle 3:
Nutzenperspektiven des Mitarbeitergesprächs (in Anlehnung an Baldegger, 2003; Kratz, 2001; Hofbauer & Winkler, 2004)

Nutzen des Mitarbeitergesprächs für		
die Mitarbeiter	**die Führungskräfte**	**das Unternehmen**
Rückmeldung über bisher erzielte Leistungen	Intensive Beschäftigung mit den Zielen und Aufgaben des Mitarbeiters	Steigerung der Arbeitsergebnisse und -qualität durch bessere Zusammenarbeit
Aussagen über Stärken und Schwächen	Kennenlernen der Sichtweise des Mitarbeiters	Steigende Qualifikation der Mitarbeiter
Klärung von Förderungs- und Verbesserungsmaßnahmen	Vermeidung von Missverständnissen durch offene Kommunikation	Steigende Mitarbeiterzufriedenheit
Realistische Einschätzung der Entwicklungschancen	Aufschluss über atmosphärische Aspekte und Lösung von Konflikten	Grundlage für effektive Personalpolitik im Unternehmen (u. a. Nachfolgeplanung)
Überprüfung des eigenen Tätigkeitsbereichs	Einblick in Pläne und Absichten des Mitarbeiters	Steigerung der Führungskultur
Vereinbarung verbindlicher Ziele mit dem Vorgesetzten	Rückmeldung über die eigene Führungsarbeit	Entdeckung von Innovationspotenzialen
Aktive Mitgestaltung der zukünftigen Aufgaben und Ziele	Erhöhte Akzeptanz als Führungsperson	Aufdeckung organisatorischer und personeller Defizite

kation der Mitarbeiter langfristig steigen (future proof employees, employability). Dadurch, dass die Mitarbeiter gehört werden und ihre Potenziale im Mittelpunkt des Gesprächs stehen, eröffnen sich Chancen zur Erhöhung der Mitarbeiterzufriedenheit. Somit eignet sich das Instrument auch zur Entwicklung von Führungs- und Spezialistennachwuchs. Zudem kann die Produktivität durch entsprechende Zielorientierung und Prozessoptimierung gesteigert werden. Folgende Kalkulation soll beispielhaft illustrieren, welche Effekte defizitäre Kommunikation generell haben kann: Wenn sich 400 Mitarbeiter aufaddiert eine Stunde mit einem Gerücht befassen, betragen die Kosten 40.000 Euro, wenn man lediglich 100 Euro Personalkostenaufwand pro Stunde zugrunde legt. – Dieser aus betriebswirtschaftlicher Sicht unproduktive Prozess spielt sich mutmaßlich tausendfach in deutschen Unternehmen ab, so dass es sich in mehrfacher Hinsicht lohnt, an dieser „Stellschraube“ zu drehen.

2 Modelle

Mitarbeitergespräche werden häufig auf Basis unternehmensintern erstellter Konzepte ein- und durchgeführt, die meist ohne erkennbaren Bezug zu empirischen Erkenntnissen entwickelt wurden. Während in der Tat bislang weder eine allgemeingültige Theorie, noch ein allgemeingültiges Modell zum Mitarbeitergespräch existiert, gibt es doch empirisch belegte Zusammenhänge in benachbarten Forschungsgebieten, die bei der Konzeption beachtet werden sollten. Hierbei ist vor allem das Thema Kommunikation zu nennen, das als grundlegende Basis einen deutlichen Teil des Mitarbeitergesprächs bestimmt. Im Folgenden werden einige für das Mitarbeitergespräch relevante theoretische Erkenntnisse kurz vorgestellt.

2.1 Grundlagen der Kommunikation

Kommunikation entscheidet über den Erfolg

Kommunikation ist nicht nur für Mitarbeitergespräche im speziellen, sondern für sämtliche Gespräche und Kontakte im allgemeinen Berufsalltag unerlässlich und erfolgsentscheidend für die Umsetzung organisationeller Anliegen (vgl. Euske & Roberts, 1987). Grundlage der meisten Kommunikationsmodelle ist die Annahme, dass ein Kommunikationsprozess stets einen Sender, einen Empfänger und eine Nachricht erfordert (vgl. Abbildung 3). Der Sender (Person A) sendet eine Nachricht an den Empfänger (Person B). Allerdings gilt es einschränkend anzumerken, dass die gesendete und die empfangene Nachricht nicht in jedem Fall übereinstimmen. Je nach gemeinsamem Zeichenvorrat besteht ein mehr oder weniger gro-

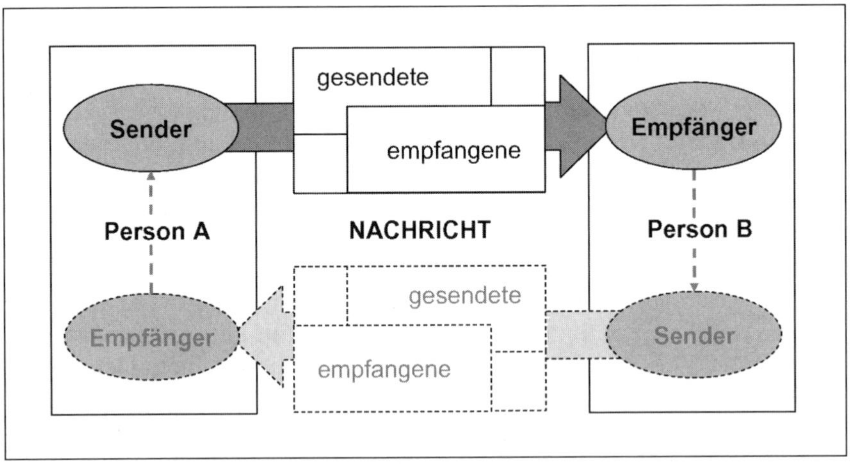

Abbildung 3:
Dynamisches Sender-Empfänger Modell der Kommunikation

ßes Verständnis, es ist somit zunächst unklar, inwieweit eine Botschaft ankommt. Da es sich bei einer Kommunikation um einen dynamischen Prozess handelt, wird der Empfänger (Person B) einer Nachricht in den meisten Fällen anschließend zum Sender einer weiteren Nachricht.

2.1.1 Kommunikationsmodelle

Es existieren verschiedene, zum Teil sich inhaltlich überlappende Kommunikationsmodelle, mit denen Gesprächssituationen analysiert werden können. Im Wesentlichen sollen folgend erstens das Zwei-Ebenen-Modell, zweitens das TALK-Modell, drittens das Vier-Schichten-Modell und viertens das Johari-Modell vorgestellt werden.

Gemäß dem Zwei-Ebenen-Modell der Kommunikation von Schulz von Thun (1998, Erstpublikation 1981, welches allerdings im Wesentlichen auf Watzlawick fußt; vgl. Watzlawick et al., 2007), können die Sach- und die Beziehungsebene einer Nachricht unterschieden werden, „Hirn und Herz" eines Gesprächs. Mit der Sachebene, d. h. der rationalen Ebene ist der reine Informationsgehalt einer Nachricht gemeint, während die Beziehungsebene zeigt, wie man zu seinem Gesprächspartner steht bzw. was man von ihm hält. Vielfach wird sich allerdings in der betrieblichen Praxis herausstellen, dass die emotionale Ebene auch für vermeintliche Sachentscheidungen ausschlaggebend ist. Sarges (1995) spricht in diesem Zusammenhang davon, dass die sachlich/fachlich verengte Kommunikation („to get the facts") einer der größten Effizienz-Blockierer ist. In einer Erweiterung des Modells wurden die Dimensionen Selbstoffenbarung und Appell entsprechend als dritte und vierte Ebene ergänzt. Die Selbstoffenbarung gibt hierbei Informationen über den Redner selbst preis, während der Appell implizite Handlungsaufforderungen für den Empfänger einer Nachricht beschreibt.

Emotionale Ebene wird unterschätzt

Eng verwandte Dimensionen finden sich im TALK-Modell von Neuberger (1996), das häufig im Management-Trainingsbereich eingesetzt wird. Dort werden die vier Dimensionen als Tatsachendarstellung, Ausdruck, Lenkung und Kontakt bezeichnet. Abbildung 4 gibt einen Überblick über die vier Dimensionen und die zentralen Fragen, die sich der Empfänger einer Botschaft bei jeder Nachricht unbewusst stellt.

In der Regel finden sich sämtliche Ebenen in jedem Gespräch wieder, wenn auch nicht in gleich starker Ausprägung. Durch die vielseitigen Deutungsmöglichkeiten wird im Prinzip jede Nachricht zu einer Konstruktion aus Wahrnehmung, Einstellung und Erfahrung des Empfängers (vgl. Fiege et al., 2006). Gemäß dem um eine Interaktionskomponente erweiterten Verständnis können die Beteiligten einer Interaktion jeweils wählen, auf welcher Ebene sie eine Nachricht versenden, aber gleichzeitig auch, auf welcher Ebene sie eine Nachricht empfangen (s. Schulz v. Thun, Ruppel & Stratmann, 2003).

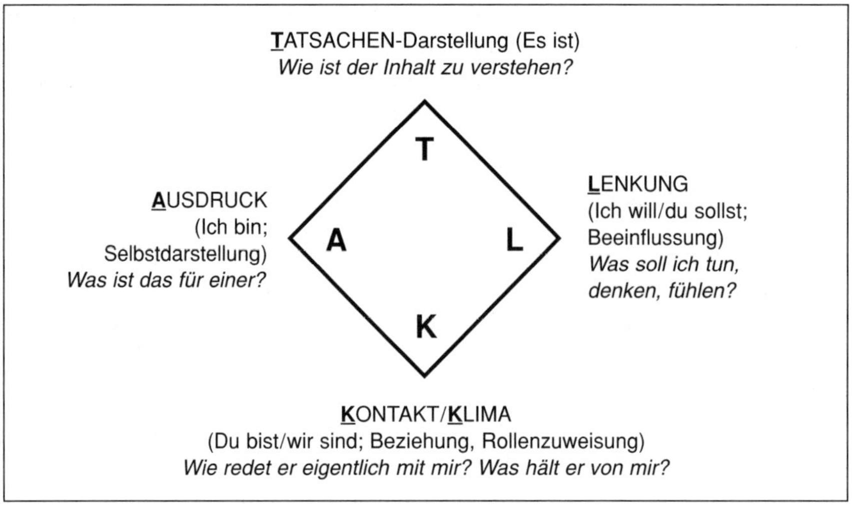

Abbildung 4:
Veranschaulichung der Gesprächsdimensionen im Rahmen des TALK-Modells

Im Gespräch schwingt mehr mit als die bloße Information

Um die Relevanz für den Berufsalltag und zugleich für das Mitarbeitergespräch zu verdeutlichen, wird im Folgenden anhand zweier Aussprüche, dem eines Vorgesetzten und dem eines Mitarbeiters, die Vielschichtigkeit und mögliche Vieldeutigkeit von Aussagen veranschaulicht (s. Abbildung 5 und 6). Hierbei wird zu beiden Äußerungen jeweils beispielhaft eine pointierte Deutung im Sinne der vier Dimensionen einer Nachricht vorgenommen.

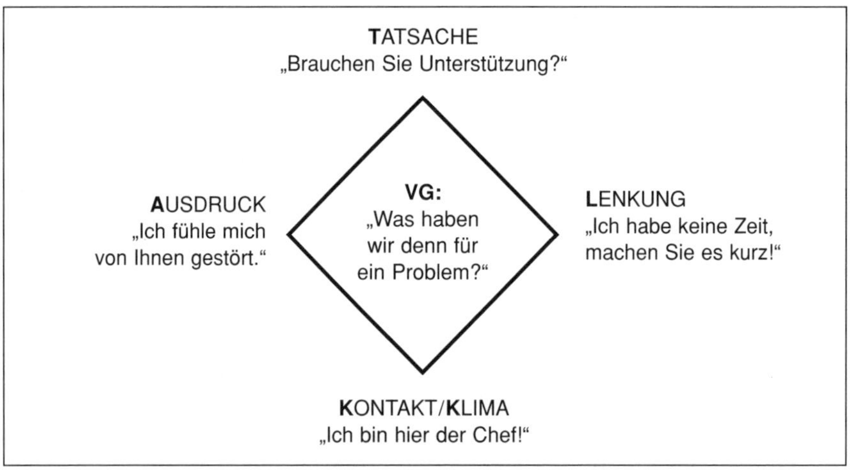

Abbildung 5:
Gesprächsbeispiel aus Sicht eines Vorgesetzten unter Berücksichtigung der Dimensionen des TALK-Modells (s. Nerdinger, 1997, S. 15)

Welche Seite einer Nachricht ein Empfänger besonders intensiv wahrnimmt, wird durch seine Erwartungen und (Vor-)Urteile gegenüber dem Gesprächspartner geprägt (vgl. Nerdinger, 1997). Zudem kommt für die Deutung einer Nachricht aber auch den nonverbalen Merkmalen wie dem Tonfall und der Mimik ein erhebliches Gewicht zu (s. Kap. 2.1.5).

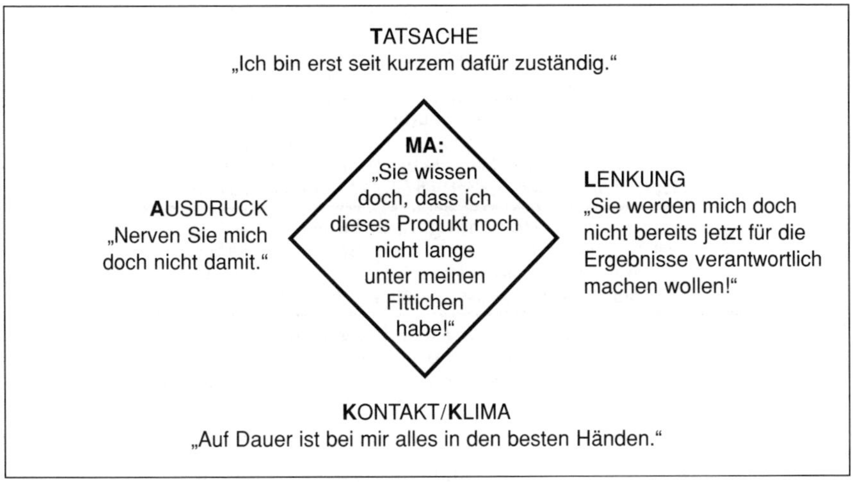

Abbildung 6:
Gesprächsbeispiel aus Sicht eines Mitarbeiters unter Berücksichtigung der Dimensionen des TALK-Modells

Merksatz zum TALK-Modell

Zusammenfassend lässt sich formulieren: Wenn die **T**ATSACHEN durch den **A**USDRUCK eine solche **L**ENKUNG erfahren, dass kein **K**ONTAKT hergestellt wird, ist es kein Gespräch.

Bedeutung der Metakommunikation

Neben den bereits genannten Dimensionen ist eine fünfte Dimension, die sog. Metakommunikation als reflektorische Komponente, für das Mitarbeitergespräch von großer Bedeutung. Mit Metakommunikation ist das Reden über ein Gespräch bzw. einen Gesprächsverlauf gemeint, das zur Lösung von Problemen oder beim Geben von Feedback eingesetzt werden kann.

Kießling-Sonntag (2002) stellt mit dem Vier-Schichten-Modell der Kommunikation ein Gerüst mit Grundfragen und Themen für den Dialog vor. Abbildung 7 zeigt das Modell mit Bezug zu fünf Phasen eines Gesprächs (1. Kontakt, 2. Themen, Ziele, 3. Themenbearbeitung, 4. Ergebnisse und 5. Abschluss). Gemäß dem Autor laufen in jeder Phase eines Gesprächs verschiedene Prozesse auf unterschiedlichen Ebenen parallel ab.

Auf der rationalen Ebene bzw. der Sachebene sollten sich beide Gesprächspartner vor einem Dialog die Frage stellen, worüber geredet wird bzw.

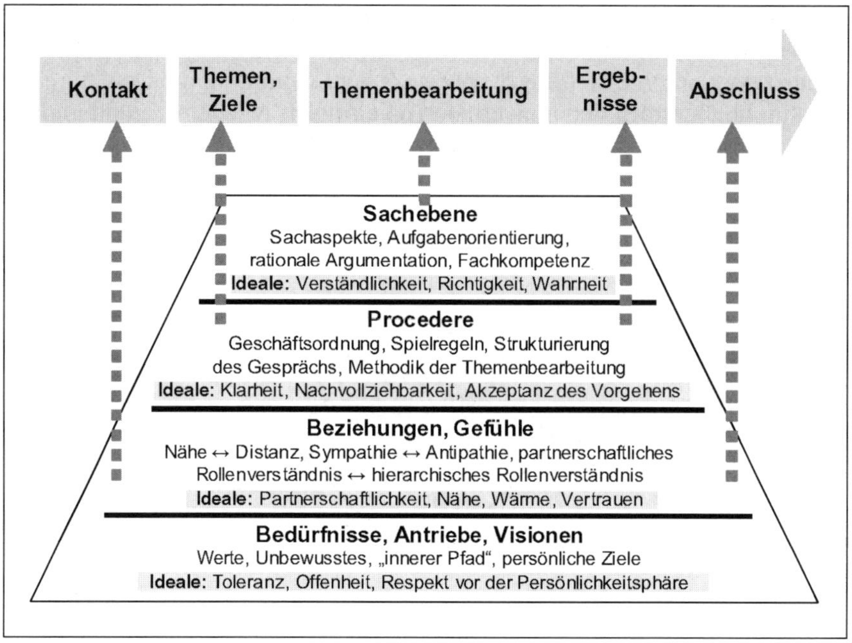

Abbildung 7:
Gesprächsmodell mit integriertem Vier-Schichten-Modell der Kommunikation
(in Anlehnung an Kießling-Sonntag, 2000, 2002)

worum es inhaltlich gehen soll. Das Gespräch dient als Hilfsmittel für die Verständigung zwischen zwei Personen zur Erreichung eines Ziels. Wichtig für ein gelungenes Gespräch sind hier Richtigkeit, Verständlichkeit und Wahrheit. Die Ebene der Rahmenbedingungen (Procedere) umfasst dic Spielregeln im Unternehmen oder der Abteilung und die meist vorgegebene Gesprächsstruktur. Das *Wie* eines Gesprächs wird betrachtet, und es sollten Klarheit, Nachvollziehbarkeit und Akzeptanz des Vorgehens angestrebt werden. Es schließt sich die Ebene der Beziehungen und Gefühle an. Hier wird das Verhältnis zum Gegenüber reflektiert, das durch die Gegensätze Nähe – Distanz, Sympathie – Antipathie zwischen Gesprächspartnern, dem Rollenverständnis sowie der Beachtung der Gefühle des Gesprächspartners geprägt wird. Allem Handeln einer Person liegen letztlich ihre Bedürfnisse und Antriebe zugrunde. Diese bilden die vierte Schicht der Kommunikation. Sie zeichnet sich dadurch aus, dass ihre Inhalte wie Werte, Normen und persönliche Ziele häufig nicht nur dem Gesprächspartner, sondern auch dem Bewusstsein der Person selbst verborgen sind, gleichzeitig aber den Verlauf eines Gesprächs maßgeblich beeinflussen. Ideale dieser Kommunikationsebene sind Toleranz, Offenheit und Respekt vor der Persönlichkeitssphäre des Gesprächspartners.

Neben den klassischen Kommunikationsmodellen ist für das Mitarbeitergespräch auch die Differenzierung zwischen Selbst- und Fremdwahrnehmung von zentraler Bedeutung. Dieses Spannungsfeld wird in dem Johari-Fenster von Luft und Ingham verdeutlicht (s. z. B. Antons, 2000; Birker & Birker, 2001), das vier verschiedene Felder bzw. Quadranten umfasst (s. Abbildung 8).

Modell zur Selbst- und Fremdwahrnehmung

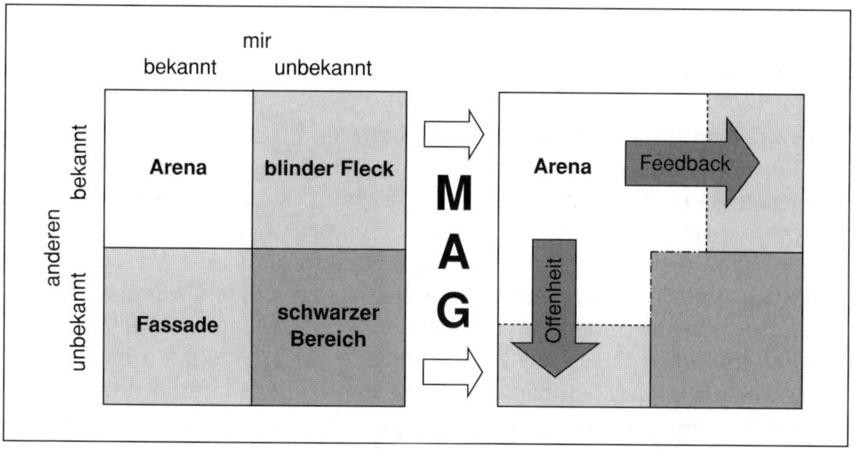

Abbildung 8:
Das MAG im Kontext der Dynamik des Johari-Fensters

Das Modell veranschaulicht grafisch, dass in einer Kommunikation lediglich ein Bruchteil der eigenen Informationen und Wahrnehmungen preisgegeben wird, während der überwiegende Teil zumindest für einen Kommunikationspartner verborgen bzw. unbekannt bleibt. Der Bereich der Arena umfasst hierbei das freie Handeln, d. h. die Verhaltensweisen, die beiden Parteien bekannt sind. Im Unternehmen entspricht dies dem Bereich der „öffentlichen Person". Der Bereich der Fassade umfasst dagegen Verhaltensweisen und Eigenschaften, die eine Person ihrer Umgebung nicht preisgeben möchte. Dies können neben nicht geäußerten Wünschen und Schwächen auch Überzeugungen auf politischen, religiösen oder anderen Feldern sein. Es handelt sich um den Teil der „privaten Person". Der blinde Fleck ist einer Person selbst nicht bekannt, trägt aber stark zur Einschätzung durch oder zur Wirkung auf das Gegenüber bei. Häufig gehören Gestik, Mimik und z. B. der Tonfall einer Person zu dem Bereich der Außenwirkung, der ihr selbst nicht vollständig bewusst ist. In dem Quadrant des schwarzen Flecks sind schließlich unbewusste Talente und Potenziale sowie all das zusammenzufassen, was beiden Gesprächspartnern nicht zugänglich ist.

Möglichkeiten des MAG

Das MAG bietet die Möglichkeit, den Quadrant der Arena durch Informationsweitergabe an den Gesprächspartner und das Einholen von Feedback auszuweiten. Durch Feedback des Vorgesetzten kann gleichschrittig vor allem der Bereich des blinden Flecks bearbeitet und damit verringert werden. Misstrauen und Fehleinschätzungen können auf diese Weise reduziert werden. Da jeder Mensch versucht, sich kongruent zu seinem Selbstbild zu verhalten, ist es beim Feedback wichtig, dass beide Parteien bereit sind, die Ansichten des Gegenübers aufzunehmen und ihr Verhalten zu hinterfragen (Feedbackregeln s. Kap. 2.2).

2.1.2 Gesprächsstile

Entscheidend für den zufrieden stellenden Verlauf und die erzielbaren Resultate eines Mitarbeitergesprächs ist nicht zuletzt der Gesprächsstil des Vorgesetzten (s. Neumann, 2003). Dieser wird durch die Einstellung zum Gesprächspartner geprägt (s. Kapitel 2.1.3) und kann zudem durch den Einsatz verschiedener Gesprächstechniken abgerundet werden. Es ist jedoch analog zu Führungsstilen nicht einfach möglich, einen Gesprächsstil auszuwählen und instrumentell anzuwenden, sondern der Gesprächsstil wird in starkem Maße durch die Persönlichkeit der Handelnden beeinflusst. Hilfreich ist es, sich den persönlichen Gesprächsstil hinreichend bewusst zu machen, um einen reflektierten Umgang zu ermöglichen und damit die Qualität des MAG zu fördern.

Gesprächsstiltypologien

Es lassen sich verschiedene relevante Gesprächsstiltypologien identifizieren. Zur Analyse von Gesprächssituationen im Unternehmen sollte eine Strukturierung gewählt werden, die sich an Dimensionen orientiert, die im Führungsalltag auch tatsächlich eine Rolle spielen. Entscheidende Dimensionen sind in Anlehnung an das Wertequadrat von Schulz von Thun (1998) die Lenkung eines Gesprächs durch den Vorgesetzten und seine Wertschätzung bzw. sein Eingehen auf den Mitarbeiter. Grundsätzlich ist ein Gespräch, in dem keine Lenkung stattfindet, nicht denkbar, aber der Grad dieser mehr oder weniger absichtlich vorgenommenen Steuerung kann erheblich variieren. Sowohl der Grad der Lenkung, als auch das Eingehen auf den Gesprächspartner haben einen starken Einfluss auf das Verhalten und die Kooperation des Mitarbeiters im Gespräch sowie zeitlich darüber hinaus. Kürzlich ist ein Band von Westermann (2006) erschienen, der in einer Vielzahl von Beiträgen Ausdifferenzierungen und praktische Ansätze auf Basis des Wertequadrates anschaulich schildert. Grundsätzlich lassen sich auf dieser Basis fünf verschiedene Gesprächsstile unterscheiden, deren Übergänge allerdings fließend sind (vgl. Abbildung 9).

Die Gesprächsstile, bei denen jeweils eine Dimension stark, die zweite lediglich schwach ausgeprägt ist, sind das direktive und das non-direktive Gespräch. Das direktive Gespräch zeichnet sich dadurch aus, dass der Vorgesetzte die alleinige Lenkung, Entscheidungsfindung und Kontrolle aus-

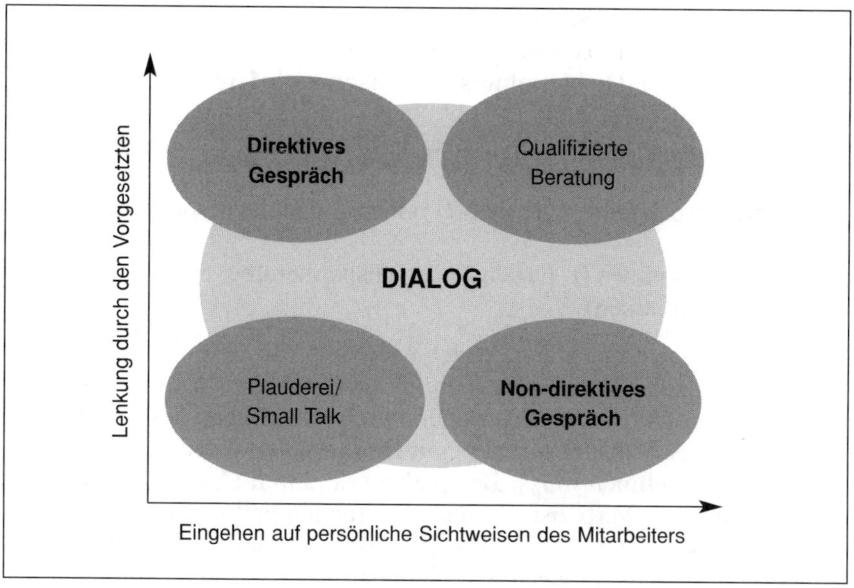

Abbildung 9:
Veranschaulichung unterschiedlicher Gesprächsstile
(in Anlehnung an Neumann, 2003, S. 255)

übt und dabei wenig auf den Mitarbeiter und dessen Bedürfnisse eingeht. Diese Form ist laut Neuberger (2004) in Unternehmen vielfach anzutreffen und hat ihre offensichtlichen Vorzüge vor allem in einer hohen zeitlichen Effizienz und in der Erreichung der Ziele der Agenda des Vorgesetzten. Dies setzt allerdings für das Treffen richtiger Entscheidungen voraus, dass die Führungskraft über sämtliche notwendigen Informationen zur Entscheidungsfindung verfügt, was häufig nicht gegeben ist. Direktive Gesprächsstile können zudem nach aufsteigendem Grad der Lenkung in das patriarchalisch-autoritäre, das autoritäre und das Stressgespräch differenziert werden. Im Rahmen direktiver Gesprächstechniken werden bewusst oder unbewusst oftmals verschiedene Manipulationstechniken zur Lenkung des Gesprächs eingesetzt. Solche Manipulationstechniken sind (vgl. Neuberger, 2004):

Direktive Gesprächsstile

- Vermengung von Tatsachen und Interpretationen (z. B. Gerüchte verbreiten)
- Aneinander Vorbeireden der Gesprächspartner (z. B. Verschleierung eigener Ziele, Verwendung mehrdeutiger Begrifflichkeiten)
- „Basta"-Haltung (z. B. bewusste Auslassung von entscheidenden Informationen)
- Statische Betrachtungsweise (z. B. nachtragend sein, Verwendung von Pauschalurteilen)

- Etikettierung (z. B. Stereotypisierung)
- Polarisierung (z. B. Schwarz-Weiß-Malerei)
- Einseitigkeit (z. B. Monologisieren, Monopolisieren von Informationen)
- Personalisierung (z. B. Darstellung sachlicher Probleme als persönliche, Verstecken hinter Autoritäten)
- Sozialer Druck (z. B. Mehrheiten bilden zur Stützung der eigenen Meinung)
- Nebenbedeutungen (z. B. den Gesprächspartner über die eigene Haltung im Unklaren lassen)

Non-direktiver Gesprächsstil

Das non-direktive Gespräch ist demgegenüber ausgesprochen mitarbeiterzentriert, da der Vorgesetzte sich im Gespräch zurück nimmt und sich an den wahrgenommenen Wünschen und Vorstellungen des Mitarbeiters orientiert. Dies bedeutet allerdings nicht, dass der Vorgesetzte eine passive Rolle einnehmen muss. Beispielsweise durch aktives Zuhören und Reflektieren bzw. Verbalisieren der Äußerungen und vermuteten Gefühle des Mitarbeiters kann der Vorgesetzte aktiv das Gespräch und die Richtung des Gesprächs mitgestalten, ohne dabei eine Vorrangstellung einzunehmen.

Exkurs: Beispiele zum Gesprächseinstieg bei verschiedenen Gesprächsstilen *(auf Basis von Neumann, 2003, S. 257 f.)*
Ausgangssituation: Ein Vorgesetzter (VG) stellt seit einigen Monaten fest, dass die Arbeitsergebnisse und Leistungsfähigkeit eines Mitarbeiters (MA) deutlich nachgelassen haben. Er entschließt sich, das Gespräch zu suchen.
Direktives Stressgespräch:
VG: „Ihre Leistungen sind in letzter Zeit absolut indiskutabel. So kann es keinesfalls weitergehen. Sie müssen umgehend Ihre Leistung wieder auf den alten Stand bringen und alles unterlassen, was Ihre Leistungserbringung beeinträchtigen könnte.“ MA: „Ja, selbstverständlich.“ VG: „Was heißt hier ‚Ja selbstverständlich‘. Sie müssen alles, aber auch wirklich alles unterlassen – auch jegliche Form von Alkohol. Der ist doch sicher wieder mit im Spiel?“ MA: „Nein, mit Alkohol habe ich kein Problem.“ VG: „Mit nicht, aber wahrscheinlich ohne! So eine Antwort ist ja wieder einmal typisch für Sie. Sie sind wohl nicht Manns genug, Ihre Probleme zuzugeben …“

Nondirektives Gespräch:
VG: „Ihre Arbeitsleistung hat nachgelassen, und ich frage mich, woran das liegen könnte. Wie sehen Sie das?“
MA: „Aus meiner Sicht ist alles in Ordnung.“
VG: „Sind Sie sich sicher?“
MA: „Na ja, … ich finde, dass ich im Vergleich zu den anderen voll im Soll liege.“
VG: „Hm.“
MA: „Aber es waren in letzter Zeit auch einige besonders schwierige Aufgaben dabei. Da musste ich mich erst reinarbeiten. Das hat vielleicht meine Leistung etwas beeinträchtigt …“

Das Stressgespräch als Extremform eines direktiven Gesprächs findet im Mitarbeitergespräch nur selten Anwendung. Dies liegt darin begründet, dass diese Gesprächsform in erster Linie darauf abzielt, die Widerstandskraft eines Gegenübers durch die Erzeugung von Druck und Spannung zu prüfen oder zu brechen, wie es vor allem für Bewerbungen beim Militär relevant sein kann (Neuberger, 2004). Durch verschiedene Verhaltensweisen im Gespräch, die die Abwehrmechanismen des Mitarbeiters aktivieren, kann jedoch auch ein normales Mitarbeitergespräch als Stressgespräch enden oder als solches empfunden werden. Um dies und eine zu starke Direktion zu vermeiden, sollte der Vorgesetzte folgende grundlegende Empfehlungen zum Gesprächsverhalten berücksichtigen (vgl. Kießling-Sonntag, 2000; Thiel, 2003):

Empfehlungen zum Gesprächsverhalten

1. Aktives Zuhören
2. Einsatz von Fragen
3. Ernstnehmen der persönlichen Probleme der Mitarbeiter
4. Vermeiden von Bevormundungen
5. Sprache sollte nicht von Sie-Botschaften dominiert sein

Aktives Zuhören

Beim sog. aktiven Zuhören handelt es sich um eine Grundvoraussetzung für einen konstruktiven Dialog. Hierbei kann es gelegentlich sinnvoll sein, die Äußerungen des Mitarbeiters nicht nur engagiert zu verfolgen, sondern auch zu paraphrasieren oder zu verbalisieren, um sicher zu stellen, dass man ihn richtig verstanden hat. Fehler beim Zuhören können z. B. durch die aktuelle körperliche Verfassung bedingt sein. Hier spielen beispielsweise Müdigkeit, Hektik, Stress und Trauer eine Rolle (vgl. Lucas, 1995). Zudem kann sich eine grundsätzliche Antipathie gegenüber dem Gesprächspartner, aber auch ein vorschnelles Interpretieren des vermeintlich Gehörten oder eine bereits während des Zuhörens beginnende Zurechtlegung der möglichen Antwort negativ auswirken.

Einsatz von Fragen

Fragen richtig zu formulieren, ist besonders wichtig, weil damit die Informationsbasis für beide Gesprächspartner erhöht und neue Sichtweisen zu Tage gefördert werden können. Darüber hinaus signalisieren Fragen dem Gegenüber gleichzeitig Interesse (vgl. Mentzel, Grotzfeld & Haub, 2006). Man kann grundsätzlich offene und geschlossene Fragetypen unterscheiden, die sich unterschiedlich gut für das Mitarbeitergespräch eignen. Während man auf offene Fragen mit einer umfassenden Stellungnahme zu einer Sachlage antworten kann, bieten geschlossene Fragen im Grunde genommen nur die beiden Antwortmöglichkeiten *ja* oder *nein*. Da es im MAG um die Erörterung und Diskussion differenzierter Themen geht, ist offenen Fragen in diesem Kontext eindeutig der Vorzug zu geben. Grundsätzlich ist darauf zu achten, dass keine Suggestivfragen („Finden sie nicht auch, dass …?“) gestellt werden sollten, da diese sich negativ auf das Gesprächsklima auswirken.

Ernstnehmen persönlicher Belange

Das Ernstnehmen der persönlichen, aber auch der fachlichen Anliegen der Mitarbeiter ist von großer Bedeutung für eine gedeihliche Zusammenarbeit. Bagatellisiert ein Vorgesetzter vorgetragene Probleme seines Mitarbeiters, so kann dies zum einen die Leistungsfähigkeit des Mitarbeiters mindern oder gar Abwendungseffekte auslösen. In diesem Zusammenhang ist es auch wichtig, dass der Vorgesetzte darauf achtet, dass er Bevormundungen im Sinne eigenmächtiger Lösungen von Problemen der Mitarbeiter möglichst vermeidet. Dies unterminiert die Eigenverantwortung der Mitarbeiter und führt langfristig dazu, dass sie Selbstverantwortlichkeit einbüßen (s. Thiel, 2003).

Vermeiden von Bevormundungen

Ich-Botschaften verwenden

Benutzt man in einem Gespräch verstärkt Sie-Botschaften, so besteht die Gefahr, bei seinem Gegenüber Kritik und Ablehnung hervorzurufen. Diese liegt darin begründet, dass Sie-Botschaften u. a. leicht als Herabsetzung oder Kritik empfunden werden können, häufig provozieren und den anderen verletzen können (Gordon, 2005). Ich-Aussagen werden demgegenüber in der Regel deutlich positiver wahrgenommen, da sie keine Verallgemeinerungen und Zuschreibungen enthalten, sondern vor allem Sichtweisen und Empfindungen einer Person preisgeben. Zudem lösen Ich-Botschaften eher Fragen aus, während Sie-Botschaften in der Regel Rechtfertigungen zur Folge haben, die weniger zielführend sind (vgl. Kießling-Sonntag, 2000).

Im Mitarbeitergespräch gilt es, die Balance zwischen direktivem und nondirektivem Gesprächsverhalten zu finden, bei der dem Mitarbeiter die Majorität der Redezeit gelassen wird, aber dennoch – oder sogar auf dieser Grundlage – die Gesprächsziele erreicht werden. Unterstützend für den konstruktiven Verlauf eines Gesprächs kann sich der Einsatz der folgenden Gesprächstechniken auswirken:

Konstruktive Gesprächstechniken

- Verstärken („Das ist ein interessanter Aspekt, den Sie da aufzeigen …“)
- Zusammenfassen („Verstehe ich Sie insgesamt richtig, wenn ich Ihre Argumente unter folgende Überschrift stelle …“)

- Interpretieren („Ist es korrekt, dass es Ihnen primär wichtig ist, dass …“)
- Konkretisieren/Verbalisieren („Sie erwarten also, dass …?“)
- Fragen stellen (Offene Fragen: Was? Wann? Warum? Wofür? In welcher Form? Aus welchem Grund? …)
- Sprechpausen (Pausen veranlassen nicht selten den Gesprächspartner dazu, Wesentliches beizutragen)
- Vorgehensweisen aufzeigen („Zunächst würde ich Ihnen gern die Möglichkeit geben …, danach möchte ich …“)

2.1.3 Schaffen eines positiven Gesprächsklimas

Ein wichtiges Element eines erfolgreichen Mitarbeitergesprächs ist das Schaffen eines positiven Gesprächsklimas. Um dies zu erreichen, sollten einige Grundvoraussetzungen beim Sprechen, aber auch beim Zuhören beachtet werden (vgl. Hofbauer & Winkler, 2004). Die Ausdrucksweise des Sprechers sollte möglichst präzise und genau sein. Zudem wirkt es sich positiv auf das Gesprächsklima aus, wenn der Vorgesetzte den Mitarbeiter wie einen gleichberechtigten Gesprächspartner ansieht und ihm auch so gegenüber tritt (vgl. Schmidt & Kleinbeck, 2006).

Äußere Rahmenbedingungen beachten

Neben der Kommunikation haben auch die Rahmenbedingungen des Mitarbeitergesprächs einen entscheidenden Anteil an dem Gesprächsklima. Hierzu zählen unter anderem die Wahl und Gestaltung des Besprechungsraumes und die Sitzordnung bzw. Positionierung beim Gespräch. Ein weiterer Einfluss auf das Gesprächsklima geht von dem impliziten Mitarbeiterbild des Vorgesetzten aus. Gemäß der Managementtheorien X und Y nach McGregor (1973) kann man grundsätzlich zwei geradezu antagonistische Menschenbilder bei Vorgesetzten ausmachen. Theorie X geht davon aus, dass Mitarbeiter im Grunde arbeitsunwillig sind und Verantwortung und Engagement scheuen. Das daraus abgeleitete Führungsprinzip lässt sich zusammenfassend mit „Führung bzw. Druck und Kontrolle“ umschreiben.

Führungskräfte, deren Menschenbild dagegen eher der Theorie Y entspricht, nehmen implizit an, dass Mitarbeiter sich aus eigenem Antrieb für Ziele einsetzen und zudem bereit sind, sich nachhaltig zu engagieren und Verantwortung zu übernehmen. Entsprechend dieser Annahmen versuchen diese Führungskräfte fördernde Arbeitsbedingungen für ihre Mitarbeiter und deren Entwicklung zu schaffen. Nicht zuletzt auch vor dem Hintergrund einer „Self-fullfilling prophecy“ ist davon auszugehen, dass die Einstellung der Führungskraft stets nachhaltige Auswirkungen auf Arbeitsergebnisse und Motivation der Mitarbeiter hat und zudem das Gesprächsklima prägt (s. auch Rosenthal, 1976). Der resultierende Verhaltensstil begünstigt, dass sich die jeweils vorherrschenden Annahmen schließlich in der Realität bestätigen (vgl. Kießling-Sonntag, 2000).

Scheffer und Kuhl (2006) empfehlen explizit, die Mitarbeiterpersönlichkeit und deren Motivstruktur zu berücksichtigen, um über die Erreichung eines konstruktiven Gesprächsklimas entsprechende motivationale Ansätze im Gespräch heraus zu arbeiten.

Im Gespräch kommt es vor allem darauf an, dass die Gesprächspartner ihre Botschaften verständlich für ihr Gegenüber formulieren. In diesem Zusammenhang haben Langer, Schulz v. Thun und Tausch (2006) ein Verständlichkeitsfenster entwickelt, dass die wichtigsten Grundregeln zusammenfasst (s. Abbildung 10).

Grundregeln für Verständlichkeit

Einfachheit	Gliederung/Ordnung
– Kurze Sätze – Nebensätze nachgeordnet – Keine Verschachtelungen – Einsatz bekannter/geläufiger Wörter – Fremdworte erklären – Anschaulichkeit und Konkretheit	– Ankündigung der Struktur – Logischer Aufbau – Unterscheidung von Wesentlichem und Unwesentlichem – Überleitungen von einem Gedanken zum nächsten – Zusammenfassungen
Kürze/Prägnanz	**Zusätzliche Anregungen**
– Auf das Wesentliche beschränkt – Auf das Ziel konzentriert – Keine Abschweifungen – Verzicht auf Ausschmückungen	– Anreicherung durch Beispiele, Geschichten – Nutzung von Metaphern, Bildern, Vergleichen – Anrede, Motivierung des Partners – Bezug auf Erfahrungen des Partners

Abbildung 10:
Verständlichkeitsfenster zur Beurteilung von Gesprächen
(s. auch Langer, Schulz v. Thun & Tausch, 2006)

2.1.4 Im Gespräch motivieren

Ein bisweilen vorliegendes Grundverständnis lautet: *Jeder kann nur sich selbst motivieren* (so z. B. Sprenger, 1991). Das Wort Motivation leitet sich aus dem lateinischen Verb „movere“ (bewegen) ab; es bedeutet „das, was den anderen bewegt“. Für das Mitarbeitergespräch ist es bedeutsam, dass der Vorgesetzte motivationsrelevante Aspekte der Tätigkeit anspricht, um auf diese Weise seinen Mitarbeiter für das gemeinsame Anliegen zu gewinnen. Ein besonders wichtiger Bestandteil des Mitarbeitergesprächs ist hierbei das Feedback. Mit diesem kann ein Vorgesetzter im besten Fall seinen Mitarbeiter zu meist gewünschten Höchstleistungen motivieren. Werden jedoch elementare Grundlagen nicht beachtet (s. Kap. 2.2), so können z. B.

durch manipulative Äußerungen negative Effekte für die Arbeitsleistung und Belastungen für den zwischenmenschlichen Umgang verursacht werden. (Frei nach Wilhelm Busch: „Man merkt die Absicht und ist verstimmt.“)

Ansätze zur Motivation wahrnehmen

Auch wenn es schwierig oder sogar unmöglich sein mag, andere Menschen direkt zu motivieren, so kann eine Führungskraft durch den gezielten Einsatz von Anreizen jedoch versuchen, vorhandene (Leistungs-)Motive bei den Mitarbeitern zu aktivieren (vgl. v. Rosenstiel, 2001). Tosti (2001, S. 178) stellt in einer Checkliste folgende Grobgliederung von Anreizen bzw. Motivatoren vor, die im beruflichen Kontext relevant sein können. Er nennt Anerkennung, Arbeitsaufgaben, Arbeitsverantwortung, materielle Belohnungen, Statusindikatoren, Anreizfeedback, persönliche Aktivitäten, soziale Aktivitäten und die Befreiung von unangenehmen Regeln und einem unangenehmen Arbeitsumfeld.

Motivatoren im beruflichen Umfeld

Neben den anreizbezogenen Motivatoren kann Motivation immer auch aus der Person selbst kommen (Bedürfnistheoretischer Motivationsansatz) oder aber aus einer Widersprüchlichkeit oder Disharmonie erwachsen (für einen genaueren Überblick s. z. B. Rosenstiel, 2001). Eine weitere, für die Arbeitswelt relevante Theorie ist die der Handlung zur Selbstverwirklichung. All diese Anreize und Motivatoren können für ein gewinnbringendes Mitarbeitergespräch mehr oder weniger gesteuert eingesetzt werden. Dies sollte allerdings nicht zu einem bloßen „Abhaken“ einer Liste führen. Jedes Gespräch braucht eine angemessene Vorbereitung, damit die Inhalte authentisch an den Mitarbeiter weitergegeben werden können. Zudem wirkt der gleiche Anreiz auf verschiedene Mitarbeiter in der Regel unterschiedlich. Die vorgestellten Motivatoren finden sich auch in dem sog. High Performance Cycle bei Locke und Latham (1990a, 1990b; vgl. z. B. Schmidt & Kleinbeck, 2006) wieder.

Interessenlage einschätzen und Motive ansprechen

Was bewegt meinen Mitarbeiter wirklich, wie kann ich seine Erwartungen, Bedürfnisse und Motive richtig ansprechen und meine (Gesprächs-)Führung adäquat darauf einstellen? Diese Fragen beschäftigen zahlreiche Führungskräfte nicht nur in der Vorbereitung des turnusmäßigen Mitarbeitergesprächs, sondern auch im Führungsalltag. Ein erster sinnvoller Schritt zum erfolgreichen Mitarbeitergespräch besteht darin, eigene Erwartungen zu verdeutlichen. Nur wer als Vorgesetzter seine Erwartungen, seine Leistungs- und Kontrollmaßstäbe explizit macht, hat die Möglichkeit, diese mit den Erwartungen des Mitarbeiters abzugleichen. Für eine erfolgreiche Zusammenarbeit zwischen Mitarbeitern und Vorgesetztem ist es wichtig, dass der Vorgesetzte seine Kontrollmaßstäbe bekannt gibt, die sog. offene Kontrolle. Nur so können die Mitarbeiter in die Lage versetzt werden, sich selbst zu kontrollieren („Wer den Weg kennt, verläuft sich nicht“), was wichtig für die Vertrauensbildung zwischen Führungskraft und Mitarbeitern ist und nicht zuletzt den Vorgesetzten von Kontrollprozessen entlastet („Vertrauen ist gut, Kontrolle ist besser, Selbstkontrolle ist am besten“).

Zugleich ist Offenheit bei den Kontrollmechanismen notwendig, um tiefgreifende Vertrauensstörungen zu vermeiden („Wie wir gestern Abend nach Öffnung ihres Schreibtisches leider feststellen mussten …“).

Im Regelfall wird der Mitarbeiter bei zu großen Diskrepanzen zwischen den eigenen und den formulierten Erwartungen Widerspruch anmelden. Allerdings sollte sich der Vorgesetzte nicht darauf verlassen, da insbesondere die Zwänge zur Dokumentation erbrachter Leistungen in der heutigen Arbeitswelt dramatisch zunehmen. In den meisten Fällen ist es jedoch ohnehin hilfreich, den Mitarbeiter auch direkt nach seinen Erwartungen zu fragen. Nur so lassen sich Fehlerwartungen identifizieren und ggf. korrigieren. Ansonsten wird der Tag des Mitarbeitergesprächs zum Datum für enttäuschte Erwartungen, gegenseitige Vorhaltungen, Frustration und Demotivation (was als „Dolf-Day“ (Day of long faces) in manchem Unternehmen sprichwörtlich geworden ist).

Empfehlung: Schreiben Sie Ihren Mitarbeitern nicht ungefragt die gleichen Erwartungen und Motive zu, wie sie bei Ihnen persönlich vorliegen. Das kann im positiven wie im negativen Falle ins Auge gehen („Was ich denk und was ich tu, das trau ich auch den anderen zu.“).

Die persönliche Arbeitszufriedenheit ist eng mit den Motiven eines Mitarbeiters und seiner Arbeitsmotivation verbunden. Scheffer und Kuhl (2006, S. 26) fassen Kerndimensionen der Arbeitstätigkeit zusammen, die die Arbeitszufriedenheit aus motivationspsychologischer Perspektive determinieren:

- *Anforderungsvielfalt:* Unterschiedliche Fähigkeiten und Fertigkeiten können eingesetzt werden
- *Ganzheitlichkeit:* Mitarbeiter erkennen die Bedeutung und den Stellenwert ihrer Tätigkeit; Feedback ist verhaltensnah und konkret
- *Autonomie:* Mitarbeiter machen die Erfahrung, einflussreich und von Bedeutung zu sein; es wird erwartet, dass sie Verantwortung übernehmen
- *Sinnhaftigkeit:* Individuelle, organisationale und gesellschaftliche Werte stimmen überein (bzw. sind hinreichend kompatibel)
- *Lern- und Entwicklungsmöglichkeiten:* Qualifikationen werden weiterentwickelt, mentale Flexibilität wird gefördert, es werden Lernziele vereinbart.

Insbesondere das Gefühl, mit dem Vorgesetzen Probleme und Schwierigkeiten besprechen zu können, ist eine Achillesferse für die Beziehung und für den Grad der Zufriedenheit des Mitarbeiters und hat nicht zuletzt Rückwirkungen auf dessen Leistungen (vgl. Likert, 1961). Die Tendenz, in Problemsituation zu fehlen, korreliert negativ mit der vermuteten Bereitschaft des Vorgesetzten zum Gespräch – je höher die subjektiv eingeschätzte Bereitschaft eines Vorgesetzten hierzu ausfällt, desto weniger neigt ein Mitarbeiter zu Absentismus (vgl. Abbildung 11).

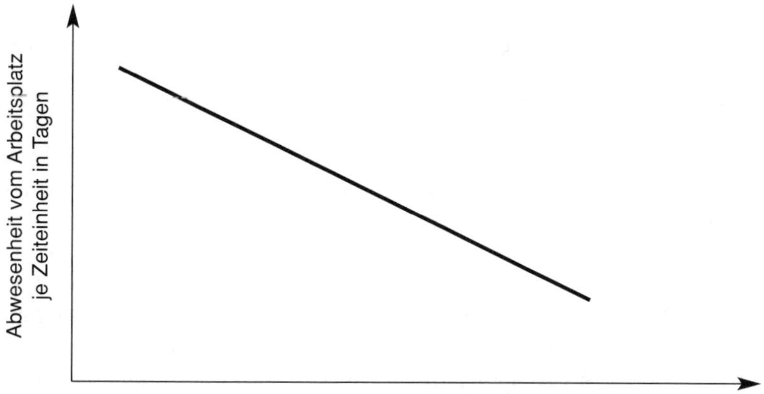

Abbildung 11:
Zusammenhang zwischen Gesprächsbereitschaft und Absentismus des Mitarbeiters (vgl. Rosenstiel, 2001, S. 150)

Erwartungen gegenseitig transparent machen

Im Prozess, Erwartungen gegenseitig transparent zu machen, gilt es auch, Fehlerwartungen des Mitarbeiters zu korrigieren, obwohl der Vorgesetzte zunächst häufig profitiert. So wird sich ein Mitarbeiter, der sich – fälschlicherweise – Hoffnungen auf eine Umgruppierung macht, wahrscheinlich mächtig ins Zeug legen. Allerdings wird der betroffene Mitarbeiter irgendwann die der Führungskraft seit langem bekannte Tatsache als Botschaft erhalten, dass aus personalplanerischen Gründen schon von vornherein feststand, dass die Beförderung an diesen Standort nicht machbar war. Ergebnis: Die Motivation des Betroffenen wird kaum noch Erfolg versprechend möglich sein („Von dem nehme ich keine Scheibe Brot mehr.").

2.1.5 Bedeutung der Körpersprache

Vor allem in populärwissenschaftlichen Publikationen wird die Bedeutung körpersprachlicher Ausdrucksformen teilweise in einem gewissermaßen lexikalischen Ansatz sehr differenziert betrachtet. So soll etwa aus spezifischen Sitzhaltungen geschlossen werden können, was den Mitarbeiter grade bewegt. Derartige Ansätze öffnen naturgemäß Fehldeutungen Tür und Tor. Allerdings ist die Bedeutung nonverbaler Ausdrucksformen keinesfalls zu unterschätzen. Sie entfalten eine gleichsam subkutane Wirkung, die den Gesprächspartnern jedoch vielfach nicht bewusst wird. Insgesamt machen sie nahezu 80 Prozent der gesamten Kommunikation aus (vgl. Koeppler, 2000). Obwohl für körpersprachliches Verhalten in der Regel ausgeprägte Sensoren existieren, fällt es in den meisten Fällen schwer, ihnen zielsicher eine bestimmte Bedeutung zuzuordnen. Zu den nonverbalen Kommunikationselementen zählen Mimik, Gestik, Stimme, Sprechweise, Blickkontakt, Körperhaltung und interpersonale Distanz (s. Sabel, 1999).

Die nonverbalen Elemente der Kommunikation verraten in der Regel mehr über den Sprecher, als ihm bewusst ist und bisweilen lieb sein kann (überblicksartig: Molcho, 2006). So lassen sich Gefühle wie Zorn, Wut oder Freude häufig nicht verbergen (vgl. Nerdinger, 1997). Unterdrückte Wut zeigt sich beispielsweise in einer hohen und lauten Stimme; Angst führt dazu, dass man sich häufiger verspricht. Der Blickkontakt gibt neben dem Ausdruck von Gefühlen auch Aufschluss über die Beziehung zwischen zwei Gesprächspartnern. Geht jemand offen in ein Gespräch, so sucht er in der Regel Blickkontakt zu seinem Gegenüber. Es finden sich allerdings auch Gewohnheiten im Blickkontakt bestimmter Personen, die z. B. durch kulturelle Spezifika begründet sein können, so dass man hinsichtlich allgemeingültiger Interpretationen Vorsicht walten lassen sollte. Gar nicht nachdrücklich genug kann auf die Problematik der Interkulturalität in diesem Zusammenhang hingewiesen werden. So ist die Bedeutung bestimmter Gesten nicht nur in Asien, sondern bereits in sehr viel enger verwandten Kulturen vielfach unterschiedlich (vgl. dazu auch die Buchreihe zur Handlungskompetenz im Ausland, z. B. Schmid & Thomas, 2003).

Stimmigkeit ist wichtig

Im berufsbezogenen Kontext des MAG ist der Aspekt der Stimmigkeit besonders zentral: Passen Inhalt, Form und Anlass des Gesagten zusammen? Wenn sich Zweifel an den sachlich unangreifbaren Aussagen des Gesprächspartners ergeben, sind hierfür die Gründe vielfach auf der nonverbalen Ebene zu suchen, da etwa versteckte Signale Zweifel an der Aufrichtigkeit des Gesprächspartners auslösen können („Schön, dass wir heute zum Mitarbeitergespräch zusammen gekommen sind und in Ruhe über Ihre Entwicklung reden können." – Mit einem genervten Gesichtsausdruck und dem ständigen Blick auf die Uhr drückt dieser Satz eher einen gegenteiligen Inhalt aus). Insofern sind körpersprachliche Signale eng mit der Gefühlsebene verknüpft und es gilt dem anderen nicht die „kalte Schulter" zu zeigen.

2.2 Feedback

Rückmeldung ist unerlässlich

Ein unerlässlicher Bestandteil des MAG ist das Feedback. Es bietet im Sinne der Metakommunikation (vgl. Kap. 2.1.1) die Möglichkeit, Mitarbeiter fachlich und persönlich zu fördern, aber auch Konflikte zu lösen und die Zusammenarbeit durch Stärkung von Vertrauen und Wir-Gefühl dauerhaft zu verbessern (Steinert, 2001). Durch die große Bedeutung, die dem Feedback auch seitens der Mitarbeiter zugeschrieben wird, besteht allerdings die Gefahr, dass bei unzuträglicher Anwendung die gewünschten Ziele verfehlt werden. Um eine Demotivation des Mitarbeiters zu vermeiden, sollten verschiedene Grundregeln für das Geben von Feedback beachtet werden:

- *Angemessenheit*

  Feedback sollte dem gezeigten Verhalten, den erbrachten Leistungen und der kognitiven Struktur des Empfängers angemessen sein.
  Empfehlung: Passen Sie die Informationen im Feedbackprozess den Fähigkeiten und Bedürfnissen des Empfängers an. Formulieren Sie adressatengerecht: Stellen Sie sich möglichst auf den Sprachduktus der Person ein, bei der Sie Gehör finden wollen.

- *Fokus*

  Feedback sollte spezifisch sein, Ablenkungen sollten vermieden werden, Feedback sollte sich eindeutig auf die erwartbare bzw. vereinbarte Leistung beziehen.
  Empfehlung: Konzentrieren Sie sich auf das Verhalten, nicht auf die Person als Ganzes. Vermeiden Sie gemischte Botschaften (z. B. „Das … war ja ganz gut, aber …“). Eine Überforderung des Gesprächspartners sollte unterbleiben. Berücksichtigen Sie dessen Aufnahmefähigkeit.

- *Timing*

  Feedback sollte dann gegeben werden, wenn es für den Empfänger sinnvoll und nützlich ist.
  Empfehlung: Geben Sie Rückmeldungen, wenn der Empfänger auch eine Chance zur Umsetzung hat. Geben Sie häufig genug Feedback (day-to-day-Feedback), um Fehlentwicklungen nicht entstehen zu lassen und um grobe Fehler zu vermeiden bzw. um Fehler nicht zu perpetuieren.

Man kann beim Feedback zwischen summativem und formativem Feedback unterscheiden. Tabelle 4 vergleicht differenzierende Aspekte beider Arten von Feedback.

Im Mitarbeitergespräch hat sich die Orientierung an expliziten sog. Feedback-Regeln als hilfreich erwiesen. Selbstverständlich kann die wechselseitige Kommunikation auf dieser Basis nicht völlig stringent oder gar sklavisch erfolgen („Lieber Herr Vorgesetzter, jetzt haben Sie mir aber etwas gesagt, was der Feedback-Regel 3b gar nicht entspricht. Und schauen Sie doch mal hier auf meine Seminarunterlage: Es ist wirklich so.“). Gleichwohl empfiehlt sich zumindest für die Etablierung einer guten Gesprächsbeziehung die angemessene Berücksichtigung der Feedback-Regeln, wohingegen sie bei langjähriger erfolgreicher Zusammenarbeit so verinnerlicht sind, dass eine Explikation eher überflüssig ist.

Tabelle 4:
Charakterisierung von eher summativem und eher formativem Feedback nach Tosti (2001)

	Summatives Feedback	Formatives Feedback
Definition	Information für den Empfänger, dessen Leistungen bewertet werden sollen.	Information für den Empfänger, mittels der er erfahren kann, wie er seine Leistungen erhöhen kann.
Zweck (Warum?)	Die Quantität der Leistung beeinflussen: Bestärken/Anerkennen.	Die Qualität der Leistung beeinflussen: Entwickeln/Qualifizieren.
Empfängerbedürfnisse (Wer?)	Muss den motivationalen Bedürfnissen und Erwartungen des Empfängers angemessen sein – seinem Empfinden für positive oder negative Anreize entsprechen.	Muss den Entwicklungsbedürfnissen des Empfängers angemessen sein – seinen Fähigkeiten und seinem Wissen entsprechen.
Leistungsbedürfnisse (Was?)	Muss auf die spezifischen Leistungen, die beeinflusst werden sollen, fokussiert sein. Muss der Mühe und/oder dem Wert der Leistung angemessen sein.	Muss auf die spezifischen Leistungen, die den Empfänger beeinflussen, fokussiert sein.
Lokation (Wo?)	Kann sowohl unter vier Augen als auch in Gegenwart anderer gegeben werden; Wirkung ist häufig größer, wenn es öffentlich gegeben wird (Nebenwirkungen sind jedoch einzukalkulieren).	Wird am besten unter vier Augen gegeben; Wirkung wird abgeschwächt oder unkalkulierbar, wenn es in Gegenwart anderer erfolgt.
Zeitrahmen (Wann?)	Meist am effektivsten, wenn es möglichst bald nach der Leistungserbringung gegeben wird.	Meist am effektivsten, wenn es kurz vor der nächsten Gelegenheit gegeben wird, die Tätigkeit auszuführen.

Leitlinien zum Feedback

Feedback-Regeln (zum Umgang mit Rückmeldungen)

Rückmeldungen dienen dem Ziel, Mitarbeiter, Kollegen oder auch Vorgesetzte darüber zu informieren, wie ihr Handeln von anderen wahrgenommen, erlebt und/oder bewertet wird.

Voraussetzung für die Entwicklung einer zuträglichen Feedback-Kultur ist ein von Vertrauen und Offenheit geprägter zwischenmenschlicher Umgang. Ob das Feedback förderlich oder eher abträglich ist, hängt stark von der Art und Weise ab, wie es „rübergebracht“ wird. Dazu gehört auch, dass Rückmeldungen mit dem Ziel der Verhaltensänderung oder -stabilisierung nur zu Bereichen gegeben werden sollten, die einer Veränderung prinzipiell zugänglich sind.

Empfehlungen für das Geben von Feedback:
– Verhaltensweisen und Handlungen sind lediglich zu beschreiben, Bewertungen – auch implizit – sollten unterbleiben. – Rückmeldungen sind konkret auf abgrenzbares Verhalten in bestimmten Situationen zu beziehen – nicht auf die Person und deren Verhalten als Gesamtheit. – Feedback sollte möglichst zeitnah zu den jeweiligen Wahrnehmungen und Empfindungen – nicht irgendwann später im Sinne einer „Abrechnung“ – gegeben werden. – Hilfreich ist zu beschreiben, welche Gefühle das Verhalten ausgelöst hat und wie es gewirkt hat (also z. B. „Ich habe ... beobachtet, und das hat auf mich folgenden Eindruck gemacht: ...“). Pauschale Diagnosen wie „Ihnen fehlt es offenbar an Zivilcourage“ oder „Sie haben sich wohl nicht im Griff“ sind zu vermeiden. – Formulierungen sollten umkehrbar sein, d. h. so wie man es auch dem Gesprächspartner (hierarchieübergreifend!) gern gestatten würde, zu formulieren. – Adressaten bzw. Empfänger sind nach Möglichkeit direkt anzusprechen. Feedback sollte nicht über Dritte weitergegeben werden. (Man sollte nicht über andere reden, sondern verstärkt mit ihnen.)
Empfehlungen für das Entgegennehmen von Feedback:
– Hören Sie aufmerksam zu. Fragen Sie (ggf. mehrfach) nach und klären Sie, was für Sie noch nicht hinreichend deutlich geworden ist. – Argumentieren Sie nicht sofort. Versuchen Sie nicht direkt, sich zu verteidigen bzw. zu rechtfertigen und die Gründe für Ihr eigenes Verhalten darzulegen. – Nehmen Sie sich ausreichend Zeit, um in Ruhe über das Feedback nachzudenken. – Teilen Sie dem anderen Ihre Gefühle (Unmut, Freude, Betroffenheit) mit, die die Rückmeldung bei Ihnen ausgelöst hat. Informieren Sie den Gesprächspartner – mit zeitlichem Abstand – darüber, welche Schlussfolgerungen/Konsequenzen Sie daraus ziehen.

Feedback eröffnet Chancen, positive Verhaltensweisen zu stabilisieren und auszubauen, da diese durch Anerkennung verstärkt werden. Es kann zudem helfen, Verhaltensweisen, die unangemessen oder nicht wünschenswert sind, zu korrigieren. Feedback fördert die Beziehungsklärung und das wechselseitige Verständnis von Personen und optimiert auf diese Weise zudem das Leistungsergebnis.

3 Analyse und Maßnahmenempfehlung

3.1 Das Mitarbeitergespräch als Instrument oder als Philosophie des Umgangs miteinander

Vorgesetzte sollten sich vor dem Mitarbeitergesprächs, aber auch vor jedem anderen Gespräch über folgende Aspekte Klarheit verschaffen:
- Jeder konstruiert sich seine Welt, d. h. die individuelle, persönliche Sicht der Dinge, so wie er sie selbst nach bestem Wissen und Gewissen für richtig hält.
- Ein Führer (Vorgesetzter) ist einer, der andere unendlich nötig hat. (Saint-Exupéry, 2000)

Wer Menschen führen will, muss zuerst sich selbst führen, d. h. er sollte wissen, wohin er will („Wer den Weg kennt, verläuft sich nicht."). Gemäß Theorie X und Theorie Y (vgl. Kap. 2.1.3) werden dem Mitarbeiter im Umgang und vor allem im Gespräch die grundsätzlichen Werthaltungen des Vorgesetzten deutlich. Für die Mitarbeiter sind in diesem Kontext vor allem zwei Fragen von besonderer Bedeutung:

Zentrale Fragen für die Wirksamkeit von Führung

1. Was hält mein Vorgesetzter von mir? (Hält er mich für unfähig oder traut er mir etwas Positives zu?)
2. Kann ich ihm vertrauen und glauben? (Stimmt das, was er mir sagt?)

Beide Fragen werden ohnehin implizit im Gespräch geklärt, da sich der Grad der Authentizität des Vorgesetzten hier zentral vermittelt. Authentizität ist im engeren Sinne wohl kaum erlernbar, gleichwohl ist es – zumindest in Ansätzen – sicherlich möglich, dass eine Führungskraft im Rahmen der persönlichen Weiterentwicklung ihre Authentizitätswirkung und damit deren Wahrnehmung durch die Mitarbeiter verbessert.

Bei dem hier Ausgeführten wird auch deutlich, dass die Sachebene für die erfolgreiche Gestaltung des Umgangs miteinander i. d. R. nicht der Engpass ist (vgl. Sarges, 1995). Vielmehr geht es meist um die beiden sozialen Hauptanliegen des Menschen: „Macht" (also z. B. Dominanz, Überlegenheit, höherer sozialer Status, kämpferisches Verhalten) und „Liebe" (also z. B. Akzeptanz, Wertschätzung, positive emotionale Zuwendung, Nähe, Vertrauen; Sarges a. a. O.).

Letztlich wird nur „reifen" Führungskräften gefolgt

Exkurs: Zur Weiterentwicklung von Führungskräften

Letztlich ist jede Weiterentwicklung notwendigerweise auch mit einem Reifungseffekt, d. h. der Nachreifung, der Festigung oder der Ausdifferenzierung der Persönlichkeit, verbunden. Häufig wird erwartet, dass sich ein Vorgesetzter in unterschiedlichen Settings auch unterschiedlich verhält. Selbstverständlich ist diese Anforderung unstrittig, insoweit es um die Verhaltensadäquatheit im Rahmen der situationsangemessenen Adaptation geht (eine Jubiläumsansprache ist anders zu halten als die Verkündigung der Schließung einer Produktionsstätte).

Allerdings besteht hierbei jedoch die Gefahr, dass sich der Vorgesetzte auf ein Bündel von Rollenerwartungen reduziert. Eine gemeinsame Handschrift des Handelns sollte für die Interaktionspartner stets identifizierbar bleiben. Ansonsten wird der Vorgesetzte als unberechenbar und unkalkulierbar erlebt, was den Mitarbeitern jede Handlungssicherheit raubt. Zudem erwarten Geführte in der Regel ein gewisses Maß an „Reife“ von ihrem Vorgesetzten. Hierzu gehört z. B., die eigene Person realitätsgerecht wahrzunehmen sowie eine angemessene Balance zwischen dem Sich-Fügen in betriebliche Notwendigkeiten und dem Kämpfen für Gestaltungsspielräume für sich selbst, seinen Verantwortungsbereich und die unterstellten Mitarbeiter.

Darüber hinaus ist zu berücksichtigen, dass verschiedene Persönlichkeitseigenschaften existieren, die mit zunehmendem Alter immer stabiler werden und einer Veränderung nur schwer zugänglich sind (vgl. Hossiep & Mühlhaus, 2005).

3.2 Einführung des Mitarbeitergesprächs im Unternehmen

3.2.1 Rechtliche Rahmenbedingungen

Bei der Implementierung, aber auch bei der täglichen Praxis des Mitarbeitergesprächs, sind verschiedene rechtliche Rahmenbedingungen zu beachten, abhängig davon, ob wie im öffentlichen Dienst das Landes- bzw. Bundespersonalvertretungsrecht oder in der sog. freien Wirtschaft das Betriebsverfassungsrecht anzuwenden ist.

Die Details des Bundespersonalvertretungsrechts werden hier nicht näher erläutert. Zu erwähnen ist jedoch, dass das Verwaltungsgericht Karlsruhe im Jahre 1997 eine Mitbestimmung der Personalvertretung bei der Einführung von Mitarbeitergesprächen mit Zielvorgabe gemäß § 75 (3) des Bundespersonalvertretungsgesetzes bestätigt hat (s. Kempe, 2002).

Breisig (2005) gibt zahlreiche Hinweise hinsichtlich rechtlich relevanter Regelungen zum Gespräch und zur Gesprächsführung insbesondere mit Blick auf die Mitbestimmungspflicht im öffentlichen Dienst. Einen Überblick über relevante Paragraphen des Betriebsverfassungsgesetzes gibt Tabelle 5. Für die Implementierung und Praxis des Mitarbeitergesprächs sind vor allem die Paragraphen 81 bis 84 und 94 von Bedeutung.

Tabelle 5:
Relevante Paragraphen des Betriebsverfassungsgesetzes zum Handlungsspielraum des Betriebsrates und zu Individualrechten der Mitarbeiter

Beachte: BetrVG

BetrVG	Bezeichnung	Inhalt
§ 75	Grundsätze für die Behandlung der Betriebsangehörigen	Regelt die Pflicht von Arbeitgeber und Betriebsrat (BR), die freie Entfaltung der Persönlichkeit der Arbeitnehmer zu schützen und zu fördern.
§ 80	Allgemeine Aufgaben	Regelt u. a. die Aufgaben des BR, wie die Zuständigkeit des BR, Maßnahmen, die Betrieb und Belegschaft dienen, zu beantragen und ihre Durchsetzung sicherzustellen sowie den Informationsanspruch des BR z. B. bei Mitarbeiterführungsgesprächen.
§ 81	Unterrichtungs- und Erörterungspflicht des Arbeitgebers	Regelt u. a. die Pflicht des Arbeitgebers, den Arbeitnehmer über die Art seiner Tätigkeit und Unfall- und Gesundheitsgefahren zu informieren.
§ 82	Anhörungs- und Erörterungsrecht des Arbeitnehmers	Regelt u. a. den Anspruch von Mitarbeitern auf die Erläuterung der Beurteilung ihrer Leistung.
§ 83	Einsicht in die Personalakten	Gibt dem Arbeitnehmer das Recht, Einsicht in seine Personalakte zu nehmen und Erklärungen abzugeben.
§ 84	Beschwerderecht	Regelt das Recht des Mitarbeiters, Beschwerde bei den zuständigen Stellen einzureichen, und die Mitteilungspflicht des Arbeitgebers über den Stand der Beschwerde.
§ 85	Behandlung von Beschwerden durch den Betriebsrat	Regelt u. a. das Recht des Mitarbeiters, Beschwerden beim BR einzureichen und über den BR abzuwickeln.
§ 86 **§ 86a**	Ergänzende Vereinbarungen	Verweis darauf, dass Einzelheiten des Beschwerdeverfahrens im Tarifvertrag oder einer Betriebsvereinbarung geregelt sein können. Recht der Arbeitnehmer, dem BR Themen zur Beratung vorzuschlagen.
§ 87	Mitbestimmungsrechte	Regelt die Angelegenheiten, bei denen der Betriebsrat mitbestimmen kann.
§ 92	Personalplanung	Regelt u. a., dass der Arbeitgeber den BR über die Personalplanung und Personalentwicklungsinstrumente informieren muss. Zusätzlich kann der BR Vorschläge machen.
§ 94	Personalfragebogen, Beurteilungsgrundsätze	Regelt das Mitbestimmungsrecht des BR bei der Entwicklung der Grundsätze und Verfahren für die Personalbeurteilung.
§ 95	Auswahlrichtlinien	Gibt dem BR ein Mitbestimmungsrecht bei der Aufstellung von Auswahlrichtlinien für Stellenbesetzungen und Versetzungen.
§ 98	Durchführung betrieblicher Bildungsmaßnahmen	Regelt die Mitbestimmung des BR bei der Durchführung betrieblicher Berufsbildung.

Die relevanten Bestimmungen des Betriebsverfassungsgesetzes gewinnen ihre Bedeutung im Kontext mit den festgeschriebenen Aufgaben der Arbeitnehmervertretungen in § 80 BetrVG, die erfahrungsgemäß Vorgesetzten weithin nicht bekannt sind. Vor diesem Hintergrund werden im Folgenden die allgemeinen Aufgaben des Betriebsrates dargestellt, die insbesondere im nicht seltenen Konfliktfall relevant sind.

Aufgaben der Arbeitnehmervertreter

§ 80 Abs. 1 BetrVG: Der Betriebsrat hat folgende allgemeine Aufgaben:
1. darüber zu wachen, dass die zugunsten der Arbeitnehmer geltenden Gesetze, Verordnungen, Unfallverhütungsvorschriften, Tarifverträge und Betriebsvereinbarungen durchgeführt werden;
2. Maßnahmen, die dem Betrieb und der Belegschaft dienen, beim Arbeitgeber zu beantragen;
2.a die Durchsetzung der tatsächlichen Gleichstellung von Frauen und Männern, insbesondere bei der Einstellung, Beschäftigung, Aus-, Fort- und Weiterbildung und dem beruflichen Aufstieg, zu fördern;
2.b die Vereinbarkeit von Familie und Erwerbstätigkeit zu fördern;
3. Anregungen von Arbeitnehmern und der Jugend- und Auszubildendenvertretung entgegenzunehmen und, falls sie berechtigt erscheinen, durch Verhandlungen mit dem Arbeitgeber auf eine Erledigung hinzuwirken; er hat die betreffenden Arbeitnehmer über den Stand und das Ergebnis der Verhandlungen zu unterrichten;
4. die Eingliederung Schwerbehinderter und sonstiger besonders schutzbedürftiger Personen zu fördern;
5. die Wahl einer Jugend- und Auszubildendenvertretung vorzubereiten und durchzuführen und mit dieser zur Förderung der Belange der in § 60 Abs. 1 genannten Arbeitnehmer eng zusammenzuarbeiten; er kann von der Jugend- und Auszubildendenvertretung Vorschläge und Stellungnahmen anfordern;
6. die Beschäftigung älterer Arbeitnehmer im Betrieb zu fördern;
7. die Integration ausländischer Arbeitnehmer im Betrieb und das Verständnis zwischen ihnen und den deutschen Arbeitnehmern zu fördern, sowie Maßnahmen zur Bekämpfung von Rassismus und Fremdenfeindlichkeit im Betrieb zu beantragen;
8. die Beschäftigung im Betrieb zu fördern und zu sichern;
9. Maßnahmen des Arbeitsschutzes und des betrieblichen Umweltschutzes zu fördern.

MAG als Gespräch unter mehr als vier Augen?

Eine Frage, die sich gelegentlich vor einem Mitarbeitergespräch stellt, lautet: *Kann ein Betriebsratsvertreter oder ein anderer Mitarbeiter des Vertrauens zum MAG hinzugezogen werden?* – Grundsätzlich ist das Mitarbeitergespräch als ein dyadisches Gespräch zu betrachten, d. h. es findet in der Regel lediglich zwischen zwei Personen statt. Hierbei geht es um die einzigartige Führungssituation zwischen einem Vorgesetzten und einem seiner Mitarbeiter. Bei diesem vertraulichen Gespräch haben Dritte vom Grundsatz her nichts verloren. Ein Hinzuziehen Dritter, sei es durch den Vorgesetzten oder den Mitarbeiter, verändert den Charakter des Gesprächs massiv. Daher raten die meisten Fachleute davon ab. Allerdings ist nicht zu verkennen, dass die Frage „Kann ich einen Betriebsratsvertreter oder einen anderen Mitarbeiter meines Vertrauens zum MAG mitbringen?" einen vehementen Signalcharakter hat. Sie deutet mehr als dezent an, dass der Mitarbeiter dem Gespräch mit (begründeten oder unbegründeten) Befürchtungen entgegensieht. Es empfiehlt sich für den Vorgesetzten, diese Befürchtungen zu thematisieren und in einem Gespräch im Vorfeld des Mitarbeitergesprächs auszuräumen.

Gelingt eine Klärung nicht, so mag es sogar ratsam sein, dem Wunsch des Mitarbeiters zu entsprechen. Hierbei sind jedoch enge Rahmenbedingungen zu setzen. Der Dritte sollte nur im Notfall für den Mitarbeiter sprechen. Er kann und muss einschreiten, wenn er die Grundsätze eines korrekten MAG von einer der Seiten verletzt sieht. Eine Sprachrohrfunktion für den Mitarbeiter oder für kollektive Ansichten sollte er nicht sein. Es ist ratsam, in einem solchen Dreiergespräch die Frage nach den Befürchtungen und Unbehagen an den Anfang zu stellen, und dann nach einer gewissen Gesprächsdauer (spätestens am Ende des Gesprächs), die Frage aufzunehmen, ob ein Dritter auch künftig noch anwesend sein sollte. Die meisten Praktiker berichten, dass dieser Wunsch dann meist nicht mehr besteht. Offen bleibt an dieser Stelle die Frage, ob der vorgeordnete Gesprächspartner seinerseits auch eine Person seines Vertrauens hinzuziehen darf (z. B. einen Mitarbeiter der Personalabteilung oder seinen Vorgesetzten). In einem Ratgeber des Bundesverwaltungsamtes (2004, S. 2) findet sich folgende Aussage: „Das Jahresgespräch wird als Vier-Augen-Gespräch zwischen den Vorgesetzten und ihren jeweiligen Mitarbeiterinnen und Mitarbeitern geführt. Auf Wunsch eines der beiden Gesprächspartner kann eine Vertrauensperson aus dem Kreis der Personalvertretungen, der Gleichstellungsbeauftragten, der Schwerbehindertenvertretung oder der Sozialberatung hinzugezogen werden".

In jeder Organisation, in der das Mitarbeitergespräch institutionalisiert wird bzw. ist, ist auch eine entsprechende Betriebsvereinbarung zu treffen. In dieser sind die Rahmenbedingungen über die Anwendung des Mitarbeitergesprächs im Unternehmen festzulegen. Folgend werden die wesentlichen Gliederungspunkte einer solchen Vereinbarung dargestellt (in Anlehnung an Breisig, o. J.):

Kernelemente einer Rahmenvereinbarung über die Anwendung des Mitarbeitergesprächs in der Firma XYZ:
1. Präambel: Einleitende Worte über Gründe, Ziele und Nutzen der Einführung und des Einsatzes von Mitarbeitergesprächen 2. Ziele des Verfahrens: Abgrenzung des Mitarbeitergesprächs von anderen Führungsinstrumenten, Aufzeigen der Kernziele Personalführung und -förderung 3. Grundsätze: Festlegung der Mitarbeiter, für die die Rahmenvereinbarung verbindlich ist 4. Personeller Rahmen, Turnus und Anlässe: Festlegung aller organisatorischen Rahmenbedingungen und möglicher Anlässe für ein Mitarbeitergespräch 5. Unterschriften: Festlegung der Bedeutung der Unterschrift nur als Bestätigung der Gesprächsführung, nicht als Zustimmung oder Anerkennung eventueller Ergebnisse und Folgerungen 6. Konfliktlösung: Ausdrücklicher Hinweis darauf, dass auch bestehende Konflikte im Mitarbeitergespräch angesprochen werden sollen 7. Dokumentation: Festlegungen über Dauer und Ort der Speicherung von Aufzeichnungen und Personalbeurteilungsbögen 8. Information der Beteiligten: Festlegung der Informationen und Schulungen, die Führungskräfte und Mitarbeiter vor ihrem ersten Mitarbeitergespräch und ggf. bei Bedarf auch später erhalten 9. Schlussbestimmungen: Bestimmungen zum Inkrafttreten und zur Gültigkeit dieser Bestimmung Anhänge

Betriebliche Rahmenvereinbarungen zum MAG

3.2.2 Implementierungsvoraussetzungen

Passung zur Führungskultur

Die erfolgreiche Implementierung eines Mitarbeitergesprächs im Unternehmen hängt von einer Reihe entscheidender Faktoren ab. Allen voran muss eine Passung zur vorhandenen Führungskultur bestehen. Sollte in einem Unternehmen keine wirklich kooperativ ausgestaltete Führung praktiziert werden, ist das Instrument Mitarbeitergespräch im Prinzip von vorn herein zum Scheitern verurteilt. Wenn eine Einbeziehung der handelnden Personen in Informations-, Entscheidungs- und Lernprozesse in der Tat nicht stattfindet, kann auch das MAG keine nutzbringende Wirkung entfalten (vgl. Knebel, 1994). Neben dieser kulturellen Komponente sollten aber auch die instrumentelle Ebene – die Verfahren, Methoden und Formulare umfasst – sowie die verhaltensorientierte Ebene mit den Elementen Information, Kommunikation und Führung nicht vernachlässigt werden (s. Kiefer, 1996).

Grundsätzlich gilt für alle Organisationsentwicklungsprojekte (und ein solches stellt auch die Einführung des MAG dar), dass eine möglichst breite Beteiligung der Betroffenen Voraussetzung für den Erfolg ist. Dies bedeutet insbesondere sicherzustellen, dass die Leitung des Unternehmens und die oberen Führungskräfte vorrangig vom MAG überzeugt sein müssen. Anderenfalls nützen die Unterstützung der Personalabteilung, der Arbeitnehmervertreter und weiter Teile der Mitarbeiterschaft nur wenig. Fehlt die entscheidende Unterstützung von „ganz oben“, fehlt die entscheidende Unterstützung von „ganz oben“, fehlt die entscheidende Unterstützung von „ganz oben“ [sic!], so kann man zwar die Beteiligten betroffen machen; eine solide Verankerung gelingt in diesem Fall jedoch wahrscheinlich nicht. Einen schematischen Überblick über Strategien der Organisationsentwicklung gibt Abbildung 12. In der betrieblichen Praxis finden sich die verschiedenen Implementierungsstrategien allerdings nicht in Reinform, sondern in aller Regel vielmehr in Varianten und Kombinationen.

Unterstützung von „ganz oben“ unverzichtbar

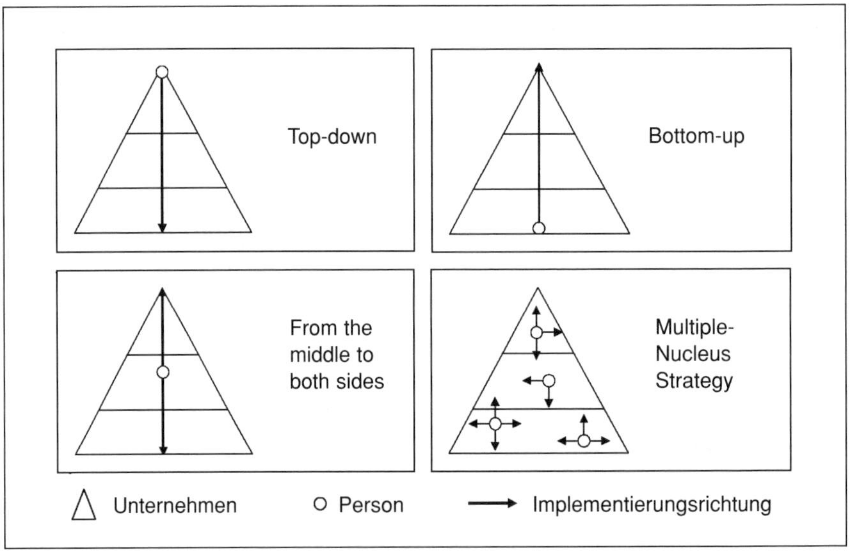

Abbildung 12:
Strategien der Organisationsentwicklung (vgl. z. B. Staehle, 1999)

Beginnt die Umsetzung einer Strategie im Top-Managment, so bezeichnet man dies auch als „Top-down“. Das Gegenteil hiervon ist die Implementierung einer Strategie von Seiten der nachgeordneten Mitarbeiterschaft aus (Bottom-up). Eine Kombination dieser beiden Varianten wird als bipolares Vorgehen bezeichnet. Bei der Strategie „From the middle to both sides", auch „Keilstrategie" genannt, wird das mittlere Management zum Ausgangspunkt für Änderungsimpulse im Unternehmen. Dies versucht nun zugleich seine Mitarbeiter sowie die Führungskräfte für eine Idee zu gewinnen. Erfolg versprechend können allerdings ergänzende „Multiple-Nucleus"-Strategien sein. Hierbei werden von Personen unterschiedlicher Hierarchiestufen auf verschiedenen Ebenen des Unternehmens Pilotprojekte initialisiert, um Ideen von dort aus schrittweise auf die gesamte Organisation auszuweiten.

3.2.3 Prozess der Einführung und Verankerung

Einbeziehung der Geschäftsleitung

Eine Grundvoraussetzung für die erfolgreiche Einführung des Mitarbeitergesprächs ist eine zu Beginn des Implementierungsprozesses eindeutig definierte Zielsetzung für das Projekt, die nach Möglichkeit von der Geschäftsführung mitentwickelt, zumindest aber ausdrücklich mitgetragen werden sollte. Hierbei muss wie oben angeführt in jedem Fall eine hinreichende Kompatibilität zur vorhandenen Führungskultur vorliegen. Festgelegt werden sollte, welche Modifikationen der Führungskultur mit dem Mitarbeitergespräch erreicht werden sollen und ob es mit anderen Instrumenten wie beispielsweise Zielvereinbarungen sowie einer variablen Vergütung verknüpft werden soll. Eine freiwillige gegenseitige Einbeziehung in Informations-, Entscheidungs- und Lernprozesse sollte generell zwischen den Führungskräften und ihren Mitarbeitern erfolgen, ist jedoch aufgrund von starrem Festhalten an Macht und Statusunterschieden nicht durchgängig anzutreffen (Knebel, 1994). Zudem sollte der Zusammenhang zur Unternehmensplanung festgelegt werden, da Mitarbeitergespräche eine notwendige transparente Leistungszielhierarchie ergänzen, jedoch nicht ersetzen können und sollen (s. z. B. Hofbauer & Winkler, 2004; Stadler, o. J.).

Enger Kontakt zur Geschäftsleitung

Während der Konzeption sollten Führungskräfte und Mitarbeiter begleitend über die Fortschritte und Implikationen des Projektes informiert werden. Das Projektteam selbst sollte in engem Kontakt zur Geschäftsführung stehen. Häufig ist das Scheitern der Einführung von MAG nicht auf Defizite des Systems an sich, sondern auf eine generell ablehnende Haltung der Führungskräfte zurückzuführen (vgl. Fechtner & Taubert, 1995). Grundsätzlich ist zu empfehlen, zumindest die Hauptergebnisse der Mitarbeitergespräche zu dokumentieren, um besonders bei Absprachen und Zugeständnissen spätere Missverständnisse zu vermeiden. Insbesondere der Vorgesetzte wird sich – da er wahrscheinlich zahlreiche Mitarbeitergespräche zu führen hat – ansonsten kaum differenziert erinnern können. Den Grad der Dokumentation sollte jedes Unternehmen individuell fest-

Leitfaden zur Einführung und Verankerung des MAG
I Projektplanung
1. Definition der Ziele und Rahmenbedingungen durch die Geschäftsführung: – Definition des Projektes durch die Geschäftsführung – Festschreiben von Zielen, die mit der Einführung des MAG verbunden sind – Festlegung der Rahmenbedingungen (u. a. zeitlicher Ablauf, beteiligte Personen/Abteilungen) 2. Information und Commitment des gesamten Vorstandes/der Geschäftsführung und frühzeitige Einbindung der Arbeitnehmervertretung
II Modellentwicklung
3. Konzeption des Mitarbeitergesprächs und der dazugehörigen Unterlagen in einem fachbereichs- und hierarchieübergreifenden Projektteam (evtl. mit Unterstützung durch einen im Unternehmen bekannten und erfahrenen externen Berater) 4. Ständige und zielführende Information der Beteiligten zum Stand des Projektes
III Konkretisierung
5. Erstellung von umfassendem Informationsmaterial (in Papierform und elektronisch) zum Thema MAG
IV Information und Training
6. Vorstellung des MAG durch Vorstand/Geschäftsführung und Arbeitnehmervertretung 7. Schulung der Vorgesetzten in der Handhabung des MAG 8. Information und ggf. Schulung der Mitarbeiter zum MAG
V Erprobung
9. Erste Durchführung von Mitarbeitergesprächen 10. Ständiger Erfahrungsaustausch
VI Nachbereitung
11. Evaluation der Qualität der MAG: – Befragung von Mitarbeitern und Führungskräften, die an MAG teilgenommen haben – Ggf. Auswertung von Dokumentationen 12. Kontinuierliche Qualitätskontrolle und Optimierung des gesamten MAG-Prozesses

legen, wobei eine umfassendere Dokumentation zu erheblichem Verwaltungsaufwand führen kann, der wiederum kontraproduktiv ist und den Fokus weg vom Gespräch hin zur Dokumentation lenkt.

Exkurs: Einführung des MAG in einem Industrieunternehmen aus Sicht eines externen Beraters

Fechtner und Taubert (1995) schildern die Einführung des MAG im Rahmen eines Projektes zur Weiterentwicklung der Unternehmenskultur und Zusammenarbeit in einem Fertigungsbetrieb.

Ausgangspunkt war die Erhebung der strategischen, organisatorischen und personellen Rahmenbedingungen. Dabei wurde festgestellt, dass im Unternehmen bereits Führungsgrundsätze und ein Beurteilungssystem bestanden, beide aber aufgrund von Defiziten im Kommunikationsverhalten der Führungskräfte und einem negativen Image nicht angewendet wurden bzw. scheiterten. Man entschied sich zur Einführung des Mitarbeitergesprächs mit dem Ziel der Stärkung einer Kultur von Führung und Zusammenarbeit.

Es wurde ein Konzept für die Einführung des Mitarbeitergesprächs entwickelt, dass das MAG in den Kontext der Personalentwicklung einbettet. Ziel dieses Konzepts war die Erreichung einer besseren Klärung des strategischen Auftrags, von Verantwortlichkeiten, Delegationsbereichen und persönlichen Zielen. In Bezug auf die Kommunikation sollte eine Dialog- und Konfliktkultur implementiert werden, und durch eine bessere Nutzung der vorhandenen Mitarbeiterpotenziale sollte die Motivation gesteigert und die Fluktuation gesenkt werden. Insgesamt wurden eine schlankere Organisation und eine höhere Leistungsfähigkeit angestrebt.

Der empfundene Mangel an Konkretheit in den Schilderungen oben stehenden Kastens findet sich in praxisorientierten Publikationen zum MAG häufiger und hat wahrscheinlich nicht zuletzt auch mit der Thematik an sich zu tun. Da die Ausgestaltung des MAG-Prozesses stets abhängig von der Unternehmenskultur sowie von den jeweiligen Akteuren bzw. Gesprächspartnern ist, bleibt bisweilen hinsichtlich der Übertragung konkreter Handlungsschritte – wie hier bei der Implementierung – einiges recht vage. Auch bei Knebel (2003) finden sich Aspekte einer erfolgreichen Implementierung des MAG in der Praxis. Nach aller Erfahrung halten sich die Unternehmen zu dem, was konkrete Problemstellungen und Schwierigkeiten bei der Einführung betrieblicher Instrumente betrifft, eher bedeckt, was die eher schmale empirische Beforschung des Mitarbeitergesprächs mutmaßlich mitbedingt.

MAG ist anders als Verkaufsgespräch

Exkurs: MAG versus Verkaufsgespräch

Da zahlreiche Vorgesetzte im Laufe ihrer beruflichen Sozialisation für die Durchführung von Verkaufsgesprächen mit externen Kunden z. T. vielfach geschult worden sind, besteht eine starke Tendenz, Erkenntnisse aus diesen Gesprächen zu übertragen. Entscheidend für das Gelingen von Mitarbeitergesprächen ist es hierbei, die Erfolgsstrategien aus Kunden- bzw. Verkaufsgesprächen dahingehend zu hinterfragen, welche Elemente in welcher Phase des jeweiligen MAG hilfreich sein können und welche eher abträglich.

So muss der Gesprächseinstieg, der meist routinemäßig im Verkaufsgespräch über eine Aufwärmphase (warming up) läuft, für ein MAG keineswegs zuträglich sein. Wenn man bereits den ganzen Arbeitstag sozusagen „Schulter an Schulter" arbeitet, ist es häufig eher abträglich, über die aktuelle Wetterlage ins Gespräch einzusteigen. Ähnliches gilt auch für den Einsatz von Fragetechniken. Während im MAG meist offene Fragen die Methode der Wahl sind, gilt es im Verkaufsdialog häufig – etwas überzogen formuliert –, durch eine Serie eher geschlossener Fragen auf die der Kunde jeweils mit *ja* antworten soll, einen Geschäftsabschluss zu erzielen; und zwar bis letztlich der Kunde eine offene Frage stellt: „Wo darf ich denn unterschreiben?"

3.3 Wirkungsweise des Mitarbeitergesprächs

Empirische Studien zum MAG

Zur Überprüfung der Wirksamkeit von Mitarbeitergesprächen finden sich bislang nur wenige empirische Arbeiten. Einen Überblick über derzeit vorliegende Untersuchungen gibt Tabelle 6. So untersuchten Alberternst und Moser (2003) die Veränderung der Arbeitszufriedenheit, des affektiven organisationalen Commitments, des Vertrauens zum Vorgesetzten und der selbstberichteten Motivation durch die Einführung des Mitarbeitergesprächs bei 144 Mitarbeitern einer Stadtverwaltung (zitiert nach Alberternst, 2004). Die Daten wurden sowohl vor der Einführung, als auch zwölf Monate danach erhoben. In einer Gesamtauswertung konnte nur in Bezug auf die Zufriedenheit mit dem Vorgesetzten ein signifikanter Effekt gefunden werden. Eine Studie des „PerMit"-Projekts (Personalentwicklung und Mitarbeiter/innen-Gespräch) fand bei der Befragung von mehr als 1.000 Führungskräften und Mitarbeitern im Anschluss an die Einführung eines Personalentwicklungsgesprächs heraus, dass 80 Prozent der Befragten diese Gespräche weiterempfehlen würden, wobei knapp 60 Prozent eine tatsächliche Verbesserung in der Kommunikation nach ihrer Teilnahme am strukturierten Mitarbeitergespräch verzeichneten (vgl. König & Rehling, 2005, 2006). Gleichzeitig zeigte sich aber auch, dass es noch an Kontinuität bei den Zielvereinbarungen und der Verbindung des Mitarbeitergesprächs zu anderen Instrumenten der Personalentwicklung fehlte.

Tabelle 6:
Überblick zu Forschungsarbeiten zum Mitarbeitergespräch

Autor	Art	Stichprobengröße	Ergebnisse (u. a.)
Bittner (2005)	Fragebogenstudie	177 Unternehmensvertreter der Industrie	MAG wird große Bedeutung in Gegenwart und Zukunft zugeschrieben
Alberternst & Moser (2003)	Evaluationsstudie	144 Mitarbeiter einer Stadtverwaltung	Effekte nur bei Gesprächen, die mindestens drei der Definitionskriterien erfüllen
Alberternst (2003)	Evaluationsstudie	Je nach Hypothese zwischen 235 und 315 Beschäftige aus Klinikbereich und Hochschulverwaltung	MAG werden als nutzbringend erlebt, fairer Gesprächsverlauf ist entscheidend für Bewertung
Reinhardt (2002)	Fragebogenstudie	64 Mitarbeiter in einem Krankenhaus	Wünsche der MA an das MAG ähneln den Praxisempfehlungen
KGSt (2002)	Kurzevaluation	420 Personen aus der Verwaltung	Erwartungen an MAG bisher nur teilweise erfüllt, aber Inhalte bestätigt
Putz (1999)	Evaluationsstudie	Mitarbeiter eines österreichischen Produktionsbetriebs	Verbesserung der Beziehung zwischen Führungskraft und Mitarbeiter, Erhöhung der Aufgabenklarheit
Bauer (1996)	Evaluationsstudie	Mitarbeiter eines Energieversorgers	Kommunikationsmangel im Unternehmen, Inhalte noch nicht abgestimmt
Leonhard (1993)	Fragebogenstudie	Mitarbeiter eines Unternehmens	Implementierung sowohl qualitativ als auch quantitativ mittelmäßig erfolgreich
Bechinie (1992)	Befragung	Führungskräfte eines Unternehmens	Zeitliche Ausgestaltung und Inhalte zu unflexibel, Schwerpunkte je nach Führungsebene unterschiedlich

Institutionalisierte MAGs weit verbreitet

Die Ergebnisse einer Befragung der Personalleiter der 500 größten Unternehmen Deutschlands unterstreichen, dass das institutionalisierte Mitarbeitergespräch weit verbreitet ist. Es wird bei 92 Prozent der 177 an der Studie teilnehmenden Unternehmen regelmäßig durchgeführt (Hossiep &

Bittner, 2006). Insgesamt halten fast alle Unternehmensvertreter die Rolle des personalisiert durchgeführten Mitarbeitergesprächs auch im Zuge der zunehmenden Elektronisierung in Unternehmen für gefestigt. Auf die Frage nach Charakteristika des eigenen Mitarbeitergesprächs finden sich in Abhängigkeit von der generellen Bewertung der eigenen Praxis (positiv vs. negativ) verschiedene Attribute, die einen Rückschluss darauf erlauben, warum in manchen Unternehmen das MAG einen guten Ruf genießt, während es anderenorts in der Praxis scheitert (s. Tabelle 7).

Tabelle 7:
Charakteristika des Mitarbeitergesprächs (vgl. Bittner, 2005)

Charakteristika des Mitarbeitergesprächs	
bei negativer Bewertung der Praxis des MAG im Unternehmen	**bei positiver Bewertung der Praxis des MAG im Unternehmen**
– zur Zeit noch zu formal, zu viele Schulnoten – Qualität und Durchführung abhängig von Führungskraft – lästige Pflicht – niedriger Sanktionierungsgrad – wird durchgeführt, weil von oben angeordnet – notwendiges Übel – keine Durchgängigkeit von oben nach unten – Zeitdruck – fehlende Transparenz – zu kurz, zu selten – Ergebnisse werden nicht fixiert – ungewohnt – fehlende Standardisierung – wenn der Konzern das von uns verlangt, dann machen wir das eben – lästig, gezwungen, unangenehm – wenig Dokumentation mit all den verbundenen Vor- und Nachteilen	– Transparenz – intakte Führungskultur – Stringenz – beziehungspflegend – motivierte Mitarbeiter und Führungskräfte – Regelmäßigkeit – Kontinuität der Feedbackkultur – gute Vorbereitung – sehr hohe inhaltliche Qualität – eindeutige und klare Kommunikation – Akzeptanz – beide Seiten profitieren – konsequente Durchführung – Mitarbeiterorientierung – Offenheit und Kritikbereitschaft – vertrauensvolle Zusammenarbeit – wird als Chance wahrgenommen – Rückmeldung zu Arbeitsverhalten – offener Dialog auf gleicher Augenhöhe

Im Jahr 1999 wurde auf einem Forum des KGSt (Kommunale Gemeinschaftsstelle) eine Zwischenbilanz zur Praxisbewährung des MAG in der öffentlichen Verwaltung gezogen. Hierbei wurden in einem Fragebogen Einschätzungen zum MAG gesammelt. Insgesamt finden sich ähnliche Stärken und Schwächen, wie bei der Befragung von Unternehmensvertretern der Privatwirtschaft bei Bittner (2005; Auszüge aus den Einschätzungen der KGSt s. Tabelle 8).

Tabelle 8:
Positive Merkmale und Kritikpunkte zum MAG im Rahmen der KGSt Kurzevaluation (Bundesverwaltungsamt, 2002, S. 7 f.)

Negative Voten zum MAG	Positive Voten zum MAG
– zu wenig Zwang – mutige Mitarbeiter unerwünscht – lästiges Berichtswesen – Angst hält an – unterschiedliche Qualität – konsequenzlose Zielverfehlungen – hoher Zeitaufwand – Desinteresse der Führung – Wecken falscher Erwartungen bzgl. Beförderungen	– unverzichtbares Instrument der Verwaltungsmodernisierung – klare Struktur – Chance der Vertrauensbildung – Zeit für ein umfassendes Gespräch – Fördern und Fordern – Jeder lernt, Ziele zu formulieren – Beitrag zur Karriereplanung – Beitrag zur Kulturveränderung ist Ehrlichkeit

Zudem werden MAG in verschiedenen Studien zu Führungsinstrumenten angesprochen. Die 2003 unter dem Titel „Führen in der Krise – Führung in der Krise“ durchgeführte Studie der Akademie für Führungskräfte der Wirtschaft ergab unter 267 Führungskräften, dass Mitarbeitergespräche mit 85 Prozent das am weitesten verbreitete Führungsinstrument sind (vgl. Pinnow, 2006a). In einer weiteren Untersuchung der Akademie für Führungskräfte der Wirtschaft aus dem Jahr 2006 wurde herausgearbeitet, dass der direkteste Weg zum Vertrauen der Mitarbeiter über das persönliche Gespräch führt. 98 % der befragten 350 Führungskräfte bewerten das Mitarbeitergespräch als „wichtig“ oder „sehr wichtig“. Demgegenüber stehen andere Vertrauen bildende Maßnahmen deutlich zurück (s. Pinnow, 2006b). Eine Studie der PEF Privatuniversität für das Management aus dem Jahr 2003 mit über 470 Befragten aus deutschsprachigen Organisationen weist ebenfalls eine regelmäßige Nutzung des Mitarbeiter-/Zielvereinbarungsgesprächs von 75 Prozent aus.

Eine Umfrage des Internetportals der Zeitschrift „Karriere“ unter jungen Mitarbeitern kam dem entgegen zu einer ausgesprochen negativen Einschätzung. Fast drei Viertel der 175 Teilnehmer stuften ihre Mitarbeitergespräche als uneffektiv und schlecht ein. Als Grund hierfür wurde vor allem die schlechte Vorbereitung der Vorgesetzten auf die Gespräche angegeben. Zudem scheinen Mitarbeitergespräche gemäß dieser im Internet durchgeführten Befragung in vielen Unternehmen noch nicht zum Standard zu zählen. Nur 27 Prozent der jungen Berufstätigen können laut eigener Aussage im Mitarbeitergespräch über ihre Karriereperspektiven reden und bekommen ein Leistungsfeedback.

Wie bereits in Kapitel 2.1.2 verdeutlicht, ist die Fähigkeit zu fragen von großer Wichtigkeit für gelungene Mitarbeitergespräche. Gebhardt und Walz (2001) stellen in diesem Zusammenhang fest, dass Fragen im Mitarbeitergespräch bislang noch viel zu wenig eingesetzt und genutzt werden. Als Gründe hierfür nennen sie ein falsches Selbstverständnis der Führungskräfte als einzige Instanz in der Meinungs- und Entscheidungsbildung und das Unbehagen der Vorgesetzten, durch Fragen unsicher und inkompetent zu wirken.

Diskrepanz zwischen Wunsch und Wirklichkeit

Insgesamt deuten verfügbare Studien darauf hin, dass Mitarbeitergespräche von den meisten Mitarbeitern als Chance gesehen werden, häufig jedoch noch Diskrepanzen zwischen den Wünschen der Vorgesetzten und denen der Mitarbeiter sowie der tatsächlichen Realisierung bestehen. Ein fairer Gesprächsablauf ist aus Sicht der Mitarbeiter aber entscheidender, als – vermeintlich – vorteilhafte Ergebnisse (s. Alberternst, 2003). Die positiven Effekte von Mitarbeitergesprächen versickern allerdings in zahlreichen Unternehmen, „weil die direkte Konfrontation (im Sinne von Feedback) erstens anstrengend, zweitens zeitaufwändig und drittens emotional ist“ (o. A., 2003).

Vor diesem Hintergrund gewinnt auch folgende Aussage an Gestalt: „Wer Mitarbeiter motivieren will, muss mit ihnen reden und zwar zielgerichtet, intensiv und permanent“ (Kador, 1992, S. 680). Als Fazit bleibt festzuhalten, dass das MAG als Investition zu betrachten ist, deren Zeitaufwand durch größere Leistungsfähigkeit und -bereitschaft des Mitarbeiters in der Zukunft normalerweise mehrfach aufgewogen wird.

4 Vorgehen und Probleme

4.1 Ablauf und Durchführung

Das Mitarbeitergespräch wird in der Führungspraxis häufig als MAG-Prozess implementiert, der in regelmäßigen Abständen kontinuierlich durchgeführt wird bzw. werden soll. Dieser Prozess umfasst sämtliche Schritte von der Vorbereitung eines Gesprächs über die Organisation und Durchführung bis hin zur Nachbereitung und den Rückkoppelungen zum nächsten Gespräch. Hierbei kann der MAG-Prozess auch mehrere Gespräche mit unterschiedlichen Schwerpunkten beinhalten. Abbildung 13 zeigt den exemplarischen Ablauf eines Mitarbeitergesprächs (vgl. z. B. Fiege et al., 2006).

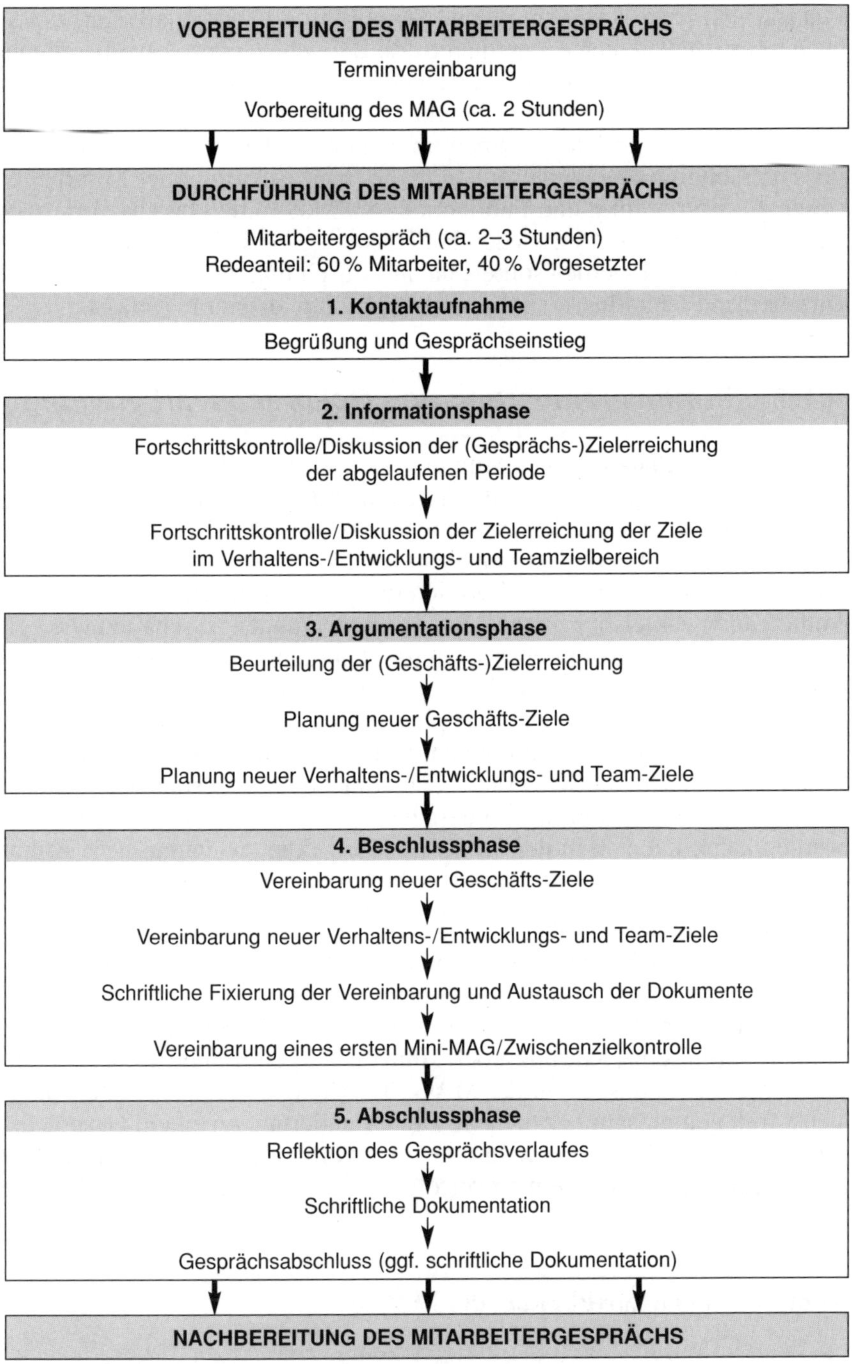

Abbildung 13:
Exemplarischer Ablauf eines MAG

Für eine effektive Vorbereitung und Durchführung von Mitarbeitergesprächen ist es sinnvoll, den Ablauf in die drei Bereiche Gesprächsvorbereitung, -durchführung und -nachbereitung zu untergliedern. Im Folgenden werden die einzelnen Phasen erläutert. Hierbei wird davon ausgegangen, dass das Gespräch bereits im Unternehmen implementiert wurde, d. h. der Prozess der Überzeugung der Vorgesetzten und der Information aller Mitarbeiter sowie die Erarbeitung und Publikation von Materialien bereits vorausgegangen ist (s. Kapitel 3.2). Wichtige Hinweise, die in den einzelnen Phasen berücksichtigt werden sollten, da ihre Beachtung den Gesprächsverlauf entscheidend beeinflusst, sind jeweils in Kästen zusammengefasst.

4.1.1 Terminvereinbarung und Gesprächsvorbereitung

Zu Beginn der Planung eines Mitarbeitergesprächs sollte zunächst ein Termin festgelegt werden. Dies sollte frühzeitig und möglichst in Abstimmung mit dem Mitarbeiter geschehen, damit sich sowohl der Vorgesetzte als auch der Mitarbeiter angemessen auf das Gespräch vorbereiten können. Eine rechtzeitige Vereinbarung im Vorfeld ermöglicht es neben der inhaltlichen Vorbereitung zugleich, geeignete Rahmenbedingungen zu schaffen wie ggf. die Buchung eines Besprechungsraumes. Hierdurch lassen sich Störungen während des Gesprächs in der Regel vermeiden. Es empfiehlt sich, ausreichend Zeit für das Gespräch einzuplanen, damit Eile oder ein plötzlicher Abbruch vermieden werden können, wobei die einzuplanende Länge des Gesprächs je nach Anlass variiert. Die Wahl sog. „Tagesrandzeiten“, also etwa am späten Nachmittag, so dass bei Bedarf auch mehr Zeit verwandt werden kann, hat sich in der Praxis bewährt. Eine spannungsarme Atmosphäre trägt maßgeblich zur Zielerreichung des Gesprächs bei.

Störungen vermeiden

Bereits im Vorfeld agieren

Im Vorfeld – spätestens aber zu Beginn des Gesprächs – sollten beide Parteien die Gesprächsziele gemeinsam festlegen. Wenn allerdings grundsätzliche Diskrepanzen hinsichtlich der Ziele zwischen Vorgesetztem und Mitarbeiter vorliegen, dann ist es in vielen Fällen fraglich, ob zu Gesprächsbeginn eine Klärung noch sinnvoll vorgenommen werden kann. Aus diesem Grund ist es für das MAG förderlich, die Gesprächsziele möglichst früh gemeinsam festzulegen. Die Orientierung an einem Gesprächsleitfaden – sofern dieser im Unternehmen vorhanden ist – hilft dabei, die angestrebten Ziele stringent zu verfolgen und keine wesentlichen Aspekte auszulassen.

Empfehlungen zur Planung des MAG:

- Treffen Sie die Vereinbarung rechtzeitig, z. B. ein bis zwei Wochen im Voraus. (Vermeiden Sie Überfallgespräche! „Gut, dass Sie gerade vorbeikommen, können wir nicht 'mal eben ...“)

– Buchen Sie einen ruhigen Besprechungsraum oder stellen Sie eine ruhige und angenehme Gesprächsatmosphäre in Ihrem Büro oder – wenn möglich – im Büro des Mitarbeiters her.

Gute Vorbereitung reduziert „Reparaturgespräche“

Das Mitarbeitergespräch grenzt sich von einem spontanen Arbeitsgespräch insbesondere durch eine umfassende Vorbereitung beider Parteien ab. Eine angemessene Vorbereitung verbessert nicht nur die Gesprächsqualität, sondern signalisiert auch dem jeweiligen Gesprächspartner, dass die Bedeutung des Gesprächs anerkannt wird (vgl. Micheli, 2004). Häufig werden von Unternehmen für beide Gesprächsparteien zugeschnittene Materialien wie Fragelisten zur Vorbereitung zur Verfügung gestellt. Beide Gesprächspartner können sich Leistungen und Ereignisse des vergangenen Zeitraums (häufig ein Jahr) vergegenwärtigen und so gezielt positive und negative Ereignisse ansprechen. Hierbei erweist sich die investierte Zeit für eine gute Vorbereitung als besonders sinnvoll eingesetzt, um später anfallende „Reparaturgespräche“ zu vermeiden. Der Zeitaufwand zur Vorbereitung beider Gesprächspartner ist hierbei kaum mit einer Faustregel zu beziffern. Vielmehr wird er vom Abstand zum letzten MAG, von der Führungsspanne, von der räumlichen Distanz, von der Quantität und Qualität unterjähriger Gespräche, von der Erfahrung beider Gesprächspartner, von der Komplexität und Vergleichbarkeit der Tätigkeitsanforderungen und anderem mehr abhängen. Klar sollte ebenfalls sein, dass sich auch der nachgeordnete Gesprächspartner angemessen vorbereiten muss. Ansonsten sind derartige Gespräche entweder unökonomisch (man kommt von „Hölzchen auf Stöckchen“) oder aber entbehrlich („Wo darf ich abzeichnen?“).

Mögliche Materialien zur Vorbereitung

Empfehlungen zur Vorbereitung:

Nutzen Sie z. B. folgende Materialien zur Vorbereitung:
- Aufgaben-, Tätigkeits- oder Rollenprofil des Mitarbeiters
- Dokumentation des letzten MAG und etwaiger Milestone-Gespräche (auch unterjährig)
- Dokumente zur Unternehmens-, Bereichs- oder Abteilungsstrategie
- Kompetenzprofile des Mitarbeiters (fachlich/überfachlich)
- Informationen zu Erfahrungen und Erwartungen des Mitarbeiters
- Informationen zur Trainingshistorie des Mitarbeiters
- Informationen zu Entwicklungs- und Karrierezielen des Mitarbeiters
- Informationen zu künftigen Anforderungen an den Mitarbeiter
- Checklisten und Leitfragen für das MAG
- Leitfaden für das MAG

Rückschau und Vorschau

Die Fragen, die sich Führungskraft und Mitarbeiter im Vorhinein stellen sollten, umfassen sowohl eine Rückschau als auch eine Vorschau. Hierbei sollte eine Vorbereitung für die Themenbereiche Zusammenarbeit, Aufgaben- und

Arbeitsumfeld, Förder- und Entwicklungsmaßnahmen sowie Zielerreichung und -vereinbarung erfolgen. Die Ausdifferenzierung eines beispielhaften Fragenkataloges, der den erwähnten Forderungen Rechnung trägt, findet sich im Anhang.

In den meisten Unternehmen nehmen Zielvereinbarungen und die Überprüfung der Zielerreichung heute einen großen Teil des Mitarbeitergesprächs ein. Diese sollten jedoch gegenüber den anderen Gesprächsschwerpunkten nicht überbewertet werden. Die Überprüfung einer Zielerreichung kann dazu führen, dass der Mitarbeiter sich zur Wahrung einer guten Stimmung sowohl mit Feedback an den Vorgesetzten, als auch mit der Ansprache von Problemen zurückhält.

Es ist nicht zu verkennen, dass sich in Unternehmen, in denen Mitarbeitergespräche über mehrere Hierarchien hinweg durchgeführt werden, sich ein Großteil der Vorgesetzten auch selbst in der Rolle des Mitarbeiters in einem Mitarbeitergespräch wieder findet („Sandwichposition"). Dies kann unter Umständen das Verständnis der Führungskraft für den Mitarbeiter insofern erweitern, als es erleichtern kann, sich in die Sichtweise des Gesprächspartners zu versetzen.

4.1.2 Durchführung des Mitarbeitergesprächs

Binnenstruktur des MAG

Für die Gesprächsdurchführung empfiehlt sich die Orientierung an einer Binnenstruktur, die sich in fünf Phasen unterteilt: Kontaktaufnahme, Informationsphase, Argumentationsphase, Beschlussphase und Abschlussphase – das Gespräch sollte jedoch offen sein für spontane Änderungen der Reihenfolge oder für spätere Einwürfe, die inhaltlich früheren Phasen zuzuordnen wären.

Während der *Kontaktaufnahme* ist es wichtig, eine offene und angenehme Gesprächsatmosphäre durch eine persönliche Begrüßung und „Small-talk" herzustellen. Die „Echtheit" des Auftretens, auch als Selbstkongruenz zu bezeichnen (vgl. Cohn, 2000), ist auch für den weiteren Verlauf des Gesprächs von Bedeutung, da übertriebene plötzliche Zugänglichkeit und Freundlichkeit des Vorgesetzten künstlich wirken und schnell zu Misstrauen auf Seiten des Mitarbeiters führen können, das im Gespräch nur schwer überwunden werden kann. Bei der Wahl der Kontaktaufnahme sollte zudem der Gesprächsanlass mitberücksichtig werden.

Gesprächseinstieg

Empfehlungen für den Gesprächseinstieg:

- Stellen Sie eine entspannte, aber dem Anlass entsprechende Atmosphäre her!

- Erläutern Sie noch einmal die Grundregeln für das Mitarbeitergespräch, wenn angebracht – insbesondere, welches Procedere im Fall abweichender Auffassungen vorgesehen ist.
- Skizzieren Sie die Ziele für das Mitarbeitergespräch.

In der *Informationsphase* sollten sowohl der Vorgesetzte als auch der Mitarbeiter die Gelegenheit bekommen, die eigenen Ziele und Anliegen darzustellen und gegebenenfalls miteinander abzugleichen. Zeitliche Vorstellungen können ausgetauscht werden, sollten jedoch nicht zu einer vorzeitigen Eingrenzung des Gesprächs führen.

Die eigentlichen Gesprächsinhalte werden in der *Argumentationsphase* thematisiert. Dabei ist zu beachten, dass ein tragfähiger inhaltlicher Austausch nur gewährleistet ist, wenn auch dem Mitarbeiter ein ausreichender Gesprächsanteil eingeräumt wird. Echtes Argumentieren und Problemlösen sollte in dieser Phase ermöglicht werden, ist aber – abhängig von dem jeweiligen Gesprächsanlass – nicht in jedem Gespräch zwingender Bestandteil.

Wichtige Themen: Führung und Zusammenarbeit

Je nach thematischem Umfang eines MAG ist es bedeutsam, die Reihenfolge der einzelnen Themen exakt zu planen. Ein wichtiger Gesprächsbestandteil des MAG ist die wechselseitige Zusammenarbeit, die jedoch gegenüber Zielvereinbarungen und Gehaltsfindung häufig in den Hintergrund gerückt wird. So ist es unrealistisch, davon auszugehen, dass der betroffene Mitarbeiter vor der Überprüfung der Zielerreichung sowie der möglicherweise damit verbundenen Bonifestlegung kritisch die wechselseitige Zusammenarbeit thematisiert. Auch wenn der Vorgesetzte den Mitarbeiter zu kritischen Rückmeldungen z. B. über sein Führungsverhalten ermutigt („Wo bin ich der Flaschenhals?"), wird in diesem Kontext kaum ein Mitarbeiter irgendetwas Kritisches sagen, da sich dies mutmaßlich für ihn negativ z. B. hinsichtlich der Festlegung zukünftiger Zielgrößen und der Bewertung der Zielerreichung auswirken könnte.

Fortschrittskontrolle

Empfehlungen zur Fortschrittskontrolle/Diskussion der (Geschäfts-) Zielerreichung der abgelaufenen Periode:

- Geben Sie dem Mitarbeiter Gelegenheit, seine Selbsteinschätzung hinsichtlich der Tätigkeit und Zusammenarbeit in der abgelaufenen Periode ausführlich zu erläutern.
- Kommentieren und werten Sie in dieser Phase nur im Ausnahmefall. (Fragen Sie allerdings im Sinne einer Klärung nach, wenn Ihnen Sachverhalte und Einschätzungen inhaltlich unverständlich bleiben.)

Zielerreichung

Empfehlungen zur Beurteilung der (Geschäfts-)Zielerreichung:

- Geben Sie aus Ihrer Sicht als Vorgesetzter eine differenzierte Einschätzung hinsichtlich der Tätigkeit und Zusammenarbeit ab. Diese sollte bei Bedarf durch konkrete Beispiele zu unterlegen sein.
- Beurteilen und erläutern Sie den Grad der Zielerreichung. Verwenden Sie dazu z. B. mit Hilfe der sog. S-M-A-R-T-Kriterien vereinbarte Ziele (s. Abbildung 14).

Kriterien für Ziele

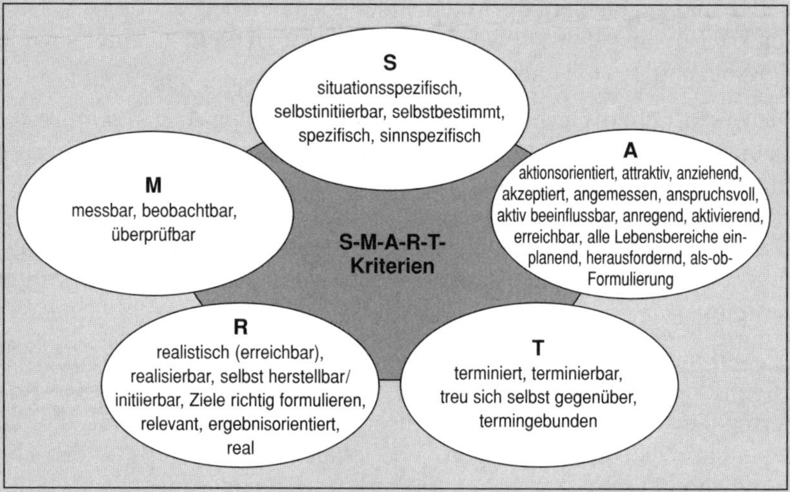

Abbildung 14:
Überblick über den Bedeutungsraum der S-M-A-R-T-Kriterien

- Finden Sie, wenn möglich, mit dem Mitarbeiter einen Konsens in der Beurteilung des Zielerreichungsgrades. Wenn keine übereinstimmende Einschätzung möglich ist: Auch Abweichungen in der Einschätzung und die Gründe dafür verdienen, grundsätzlich diskutiert und festgehalten zu werden.
- Werfen Sie auch einen Blick darauf, welche Aspekte für die Zielerreichung eher förderlich und welche eher hinderlich waren. Beziehen Sie sich dabei nicht nur auf materielle Ressourcen, sondern auch auf die Qualität der Zusammenarbeit mit den Kollegen sowie auf Einstellungen, Werthaltungen und die Qualifikation des Mitarbeiters. Darüber hinaus kann dabei auch die Rolle des Vorgesetzten in den Blick genommen werden.

In der *Beschlussphase* werden neue Ziele mit dem Mitarbeiter vereinbart oder festgelegt, die sich an seinen Aufgaben und Projekten orientieren sollten. Die gemeinsam erarbeiteten Ergebnisse und Umsetzungsmöglichkeiten sollten schriftlich festgehalten werden. Auch wenn ein Gesprächsziel nicht erreicht wurde, sollte der derzeitige Stand und das weitere Vorgehen protokolliert werden. Doppler und Lauterburg (2005) nennen elf Grundsätze für die Vereinbarung von Zielen, wobei diese Grundsätze zum einen die Charakteristik von Zielen betreffen und zum anderen auf förderliche Aspekte der Zielerreichung fokussieren:

1. Ziele müssen hoch gesteckt, aber realistisch und erreichbar sein
2. Klare Beschreibung des zu erreichenden Zustandes
3. Die Zielerreichung messbar/überprüfbar machen
4. Handlungsspielraum und Grenzen definieren
5. Zeit und Meilensteine planen
6. Ein Ziel muss kompatibel sein mit anderen Zielen
7. Vernetzungen sicherstellen, Interdependenzen klären
8. Aufwand abschätzen
9. Zielcontrolling und Zielaudit sicherstellen
10. Prioritäten nach Wichtigkeit und Dringlichkeit beurteilen
11. Weniger ist mehr.

Empfehlungen zur Planung und Vereinbarung neuer (Geschäfts-)Ziele:

- Hier zeigt die Praxis, dass es vorteilhaft für beide Seiten ist, wenn der Vorschlag der neuen Ziele vom Mitarbeiter selbst kommt. Auf diesem Weg erhöhen sich der Grad der Identifikation mit den Zielen und die empfundene Verpflichtung.
- Ergänzen Sie diese um Ihre Sicht als Vorgesetzter und erläutern Sie den Zielbeitrag des Mitarbeiters innerhalb der Oberziele des Unternehmens.
- Treffen Sie konsensual und gegenseitig verbindlich die neuen Zielvereinbarungen. Halten Sie diese schriftlich unter Anwendung der S-M-A-R-T-Kriterien fest und unterschreiben Sie die Zielvereinbarungen beide.
- Hierbei ist es nicht zwingend notwendig, die Vereinbarung sofort im Rahmen des Gesprächs zu unterschreiben. Sie können die konkrete Ausformulierung auch dem Mitarbeiter überlassen und einige Tage später das Dokument gegenzeichnen.

Nachdem der bisherige Teil des Mitarbeitergesprächs vornehmlich um Geschäfts- oder Sachziele gekreist ist, empfiehlt es sich nun, einen Perspektivenwechsel vorzunehmen. (Natürlich findet sich in der Praxis diese exakte Trennung der Gesprächsthemen nicht, es ist aber wertvoll, zwei Gesprächsschwerpunkte voneinander abzugrenzen und dem Mitarbeiter diese unterschiedlichen Schwerpunkte auch klar zu verdeutlichen.)

Bei diesem Gesprächsschwerpunkt sollte es um Aspekte des Arbeitsumfeldes, der Mittelausstattung, der Kapazitätsplanung, des Teamworks, der Führung des Mitarbeiters durch seinen Vorgesetzten und, sofern vorhanden, um den Führungsstil des Mitarbeiters gegenüber seinen nachgeordneten Mitarbeitern gehen. Dabei ist eine ähnliche Logik wie bei der Planung und Vereinbarung der Geschäftsziele zu verfolgen. Auch hier sollte dem Mitarbeiter zunächst die Möglichkeit geboten werden, seine eigene Perspektive zu erläutern. Vorgesetzte sollten den Mitarbeiter nicht zu früh durch Kommentierungen und Einwände unterbrechen und seine Statements unterbinden. Ansonsten wird der Mitarbeiter seine Sichtweise nur „angepasst" darstellen und dem Vorgesetzten wird so unter Umständen jede Möglichkeit genommen, die von Mitarbeitern erwähnten Aspekte fruchtbar aufzugreifen und im gemeinsamen Interesse zu Fortschritten zu kommen.

Exkurs: Zielvorgabe versus Zielvereinbarungen

Wird durch Wechselseitigkeit aus einer Zielvorgabe eine Zielvereinbarung? Im Unternehmensalltag taucht im Rahmen von Zielvereinbarungsprozessen immer wieder die Frage auf, ob es grundsätzlich überhaupt möglich ist, dass ein Vorgesetzter mit einem ihm zugeordneten Mitarbeiter eine Zielvereinbarung trifft. Oder handelt es sich letztlich in der Praxis immer um eine Zielvorgabe? Oder kann durch Wechselseitigkeit aus einer Zielvorgabe tatsächlich eine Zielvereinbarung werden?

Aus Sicht von Betriebspraktikern ist die letzte Frage eindeutig mit ja zu beantworten. Nimmt man besonders den Teil des Mitarbeitergesprächs zur Zusammenarbeit ernst, so kann hier aus den Erwartungen an die Unterstützung des Vorgesetzten durchaus eine Zielvereinbarung mit ihm erwachsen. Sei es eine Vereinbarung zur Einhaltung regelmäßiger Besprechungen, die explizite Coaching-Vereinbarung bei Übernahme eines bestimmten Projektes, das bisher ausschließlich beim Vorgesetzten lag, oder eine appellartige Vereinbarung, dass der Vorgesetzte seine Aufmerksamkeit auf ein bestimmtes Verhalten (z. B. ungehaltene Reaktionen auf berechtigte Fragen, wenn der Vorgesetzte unter Stress steht) richtet, mit dem der Mitarbeiter Schwierigkeiten hat.

Für die Planung der Entwicklungsziele sollten sich beide Gesprächspartner die Frage stellen, welche Unterstützungsmaßnahmen der Mitarbeiter zur erfolgreichen Arbeit in der kommenden Periode benötigt. Dem vorausgeschickt sei, dass ein Blick auf Entwicklungsvereinbarungen aus der abgelaufenen Periode erfolgen kann. Inwieweit waren diese hilfreich im geplanten Sinne? Welche Vorhaben erwiesen sich als unrealistisch etc.?

Empfehlungen zur Vereinbarung neuer (Verhaltens-/Entwicklungs- und Team-)Ziele:

- Treffen Sie konsensual und gegenseitig verbindlich die neuen Zielvereinbarungen zu Verhaltens- und Teamzielen. Auch wenn es an dieser Stelle schwerer fallen mag, sei hier die Anwendung der S-M-A-R-T-Kriterien dringend angeraten.
- Halten Sie auch in diesem Fall die Vereinbarungen schriftlich fest und unterschreiben Sie sie abschließend beide.

Aspekte der Personalentwicklung gehören zu den zentralen Inhalten des Mitarbeitergesprächs. Im folgenden Kasten werden die am häufigsten eingesetzten indirekt unterstützenden Maßnahmen und die direkten Personalentwicklungsmaßnahmen für Mitarbeiter genannt.

Katalog der Entwicklungsmaßnahmen

Mitarbeiterentwicklungsmaßnahmen

- Firmeninterne Seminare oder Workshops (in/außer Haus)
- Seminare und Workshops externer Anbieter
- Selbstgesteuertes Lernen (Bücher, Videos, Computer Based Training (CBT), E-learning, blended learning)
- Postgraduale Kurse an Universitäten
- Sonstige universitäre Angebote
- Mentoring
- Coaching (intern oder extern, langfristig oder projektbezogen)
- Regelmäßige Feedbackgespräche mit dem Vorgesetzten
- Beratung zur individuellen Standortbestimmung (durch Personalabteilung, externe Berater oder interne Mentoren)
- On-the-Job Training
- Besuche in anderen Betriebsstätten, Niederlassungen oder Fremdfirmen
- Networking
- Erfahrungsaustauschkreise (z. B. Kaminabende)
- Sonderprojekte
- Job Rotation und Job Enlargement
- Projektarbeit (Projektleitung oder Mitgliedschaft)

Austausch über Karriereentwicklung

Eine weitere Frage im Kontext der Personalentwicklung im Rahmen des Mitarbeitergesprächs betrachtet die berufliche Weiterentwicklung bzw. Karriereentwicklung des Mitarbeiters. Hier empfiehlt sich der Gedankenaustausch über Ambitionen und bisherige Erfolge des Mitarbeiters sowie über realistische Anforderungen und Chancen aus der Unternehmensperspektive. Auch wenn sich bisherige Planungen verändert haben (persönlich oder strukturell bedingt), sollten die Ursachen dafür hinreichend genau analysiert und besprochen werden.

Ein sinnvoller Einstieg ist ein Dialog darüber, was für den Mitarbeiter beruflichen Erfolg ausmacht. Was bedeuten für ihn „Karriere“ bzw. berufliche Zufriedenheit und Anerkennung? Welche Aufstiegs- und Entwicklungsmodelle bevorzugt das Unternehmen? Gibt es Hilfen im Unternehmen, eigene Berufsvorstellungen zu konkretisieren (z. B. Development Center, die das Personalwesen anbietet)? Ein praktisches und im MAG einfach anzuwendendes Instrument sind die sog. „Karriereanker“ (Schein, 2004), in denen Motive, Werthaltungen und Fähigkeiten acht verschiedenen Grundorientierungen bzw. Mustern von Karriereverläufen zugeordnet werden. Diese Karriereanker können besonders bei der Laufbahnplanung hilfreich sein, da sie eine Überprüfung der Passung innerer Werte und Vorstellungen mit der angestrebten Karriere ermöglichen. Zu den Karriereankern zählen etwa Führungskompetenz, technisch-funktionelle Kompetenz und Sicherheit.

Für die Laufbahnplanung eines Mitarbeiters ist die Identifizierung realistischer Karriereziele im Mitarbeitergespräch entscheidend. Angesichts der flacher werdenden Hierarchien in Organisationen und der Unwägbarkeiten von Fusionen, Mergers, Outsourcing, Ausgründungen oder internen Reorganisationen sind Mitarbeiter gut beraten, von der Idee linearer oder exakt vorgezeichneter Karrierewege (i. S. der Wortherkunft von frz. „carriere“, (Pferde-)Laufbahn) zugunsten offenerer Konzepte Abschied zu nehmen.

Mitarbeiter müssen unausweichlich immer flexibler, anpassungsfähiger und kreativer werden, um neue Herausforderungen zu identifizieren und zu bewältigen. Dabei ist es hilfreich, sich folgende grundsätzlichen Typen von Entwicklungsschritten zu vergegenwärtigen, die dazu dienen mögen, den Erfahrungshorizont zu verbreitern, Erfahrungen punktuell zu vertiefen, Fähigkeiten abzurunden oder z. B. dazu beitragen können, sich für nächste, neue Aufgaben zu qualifizieren:

Entwicklungsvarianten für Mitarbeiter

- *Erkundung neuer Aufgabengebiete* (Exploration): Identifikation neuer Tätigkeiten, die mit den persönlichen Werten, Interessen und Fähigkeiten kompatibel sind.
- *Versetzung auf gleicher Ebene* (job rotation – lateral move): Wechsel auf eine gleichrangige Position im Unternehmen, nicht notwendigerweise verbunden mit einem erhöhten Gehalt oder Status. (Förderung ist nicht notwendiger Weise identisch mit Be-Förderung.)
- *Arbeitsplatzanreicherung* (job enrichment): Anreicherung der derzeitigen Tätigkeit um anspruchsvollere Arbeitsinhalte, häufig im Rahmen von Projektarbeit.
- *Arbeitsplatzerweiterung* (job enlargement): Ausweitung des Arbeitsgebietes um weitere Aufgaben mit ähnlichem Anspruchsniveau.
- *Downshifting:* Um die persönlichen Interessen und die Anforderungen des Arbeitslebens besser auszubalancieren, entscheiden sich gelegentlich

auch Mitarbeiter dazu, eine Tätigkeit mit weniger Verantwortung, Status oder Gehalt als bisher zu übernehmen. Dies hat häufig weniger mit Überforderung in der aktuellen Tätigkeit zu tun als vielmehr mit einer aktiven Entscheidung im Rahmen der persönlichen Work-Life-Balance.
- *Arbeitsumfeldwechsel:* Als Variante einer aktiven Auseinandersetzung mit den eigenen Karrieremöglichkeiten kommt auch ein Wechsel in Frage. Dies bedeutet ggf. einen anderen Vorgesetzten, eine andere (Teil-)Organisation oder ein anderes Unternehmen zu wählen und dabei das Aufgabenprofil weitgehend beizubehalten.
- *Beförderung* (Vertical move).

In der *Abschlussphase* eines Gesprächs sollte eine positive Stimmung hergestellt werden, damit der weitere Kontakt erleichtert wird und dem Mitarbeiter das Gespräch in positiver Erinnerung bleibt. Dies ist vor allem bei Gesprächen, die der Mitarbeiter als belastend erlebt, von besonderer Bedeutung. Durch aufrichtig angesprochenen Dank und wertschätzende Äußerungen zum Gesprächsverlauf oder -abschluss kann das positive Erleben eines Kontaktes gefördert werden.

Empfehlungen zur Reflektion des Gesprächsverlaufes:

Ein Blick vom „Feldherrnhügel“ auf den Schauplatz des Gesprächs (i. S. von Metakommunikation, vgl. Kap. 2.1.1) zum Gesprächsabschluss rundet das MAG ab. Haben wir gemeinsam die Ziele des Mitarbeitergesprächs erreicht? Wie sind wir mit Konflikten im Gespräch umgegangen? Wie gut konnten die Gesprächspartner mit Feedback (positivem wie negativem) umgehen? Sind die vereinbarten Ziele wirklich S-M-A-R-T? Was wünschen sich die Gesprächspartner für den Ablauf des nächsten MAG? Was an positiven Erfahrungen sollte für das nächste Gespräch unbedingt mitgenommen werden?

Anzuraten: Schriftliche Fixierung

In der Regel sollten getroffene Vereinbarungen wie Zielvereinbarungen für die kommende Periode, die Festlegung des Grades der Zielerreichung für die letzte Periode aber auch besprochene Entwicklungsmaßnahmen schriftlich fixiert werden. Häufig liegen hierfür spezielle Formulare vor, die von der Führungskraft und dem Mitarbeiter ausgefüllt und gegengezeichnet werden sollen. Am Ende des Gesprächs sollte zudem ein Termin für eine erste Zwischenbilanz der Zielerreichung vereinbart werden.

4.1.3 Gesprächsnachbereitung

In der Nachbereitungsphase kann zum einen evaluiert werden, ob sämtliche angestrebten Ziele des Gesprächs auch erreicht wurden und welche Ursachen für die Erreichung oder Nicht-Erreichung vorliegen. Zum anderen sollten Handlungspläne zur Umsetzung der im Gespräch getroffenen Vereinbarungen erstellt werden. Diesbezüglich werden die fixierten Gesprächsergebnisse und Vereinbarungen in der Regel an die Personalabteilung weitergegeben, die die Unterlagen archiviert, Auswirkungen von Zielerreichungen bei der Entgeltbestimmung berücksichtigt und Planung sowie Organisation von Weiterbildungsmaßnahmen in die Wege leitet.

Diese allgemeinen Durchführungsprinzipien von Mitarbeitergesprächen geben Orientierung während des Gesprächs und sollen verhindern, dass wichtige Aspekte übersehen werden. Dennoch ist es nicht sinnvoll, in jedem Fall an dieser Phasenreihenfolge starr festzuhalten, wenn der Gesprächsverlauf eine andere Abfolge nahe legt. Eine flexible Abweichung vom vorher erarbeiteten Gesprächsleitfaden sollte entsprechend der aktuellen Gesprächssituation umgesetzt werden können.

4.2 Evaluation

Wie bereits in Kapitel 4.1 dargestellt, ist die Überprüfung des MAG in Bezug auf seine Effektivität und Wirksamkeit nicht nur in der Implementierungsphase ein wichtiger Bestandteil des MAG-Prozesses. Veränderungen in der Unternehmensumwelt, wie technischer Fortschritt, wachsender Wettbewerb oder aber Akquisitionen sowie die Bildung von Joint Ventures können dazu führen, dass (neben einer völligen Revision vereinbarter Ziele) auch ehemals funktionsfähige Gesprächsleitfäden und Kommunikationsprozesse an Bedeutung und Funktionsfähigkeit verlieren. Aus diesem Grund sollten die Konzeption und die Durchführung des Mitarbeitergesprächs stets offen für Veränderungen sein.

Eine Evaluation kann hierbei mit unterschiedlichen Schwerpunkten durchgeführt werden. König und Volmer (2002) unterscheiden beispielsweise fünf verschiedene Formen:

- Ziel-Evaluation (Festlegung und Überprüfung der Ziele, die erreicht werden sollen – vor dem MAG)
- Prozess-Evaluation (Überprüfung des Ablaufes – direkt nach dem MAG)
- Input-Evaluation (Feststellung und Bewertung der Kosten, die entstanden sind – nach dem MAG)
- Output-Evaluation (Überprüfung des Erfolges und des Nutzens – nach dem MAG)
- Outcome-Evaluation (Feststellung langfristiger Konsequenzen – deutlich nach dem MAG)

Insgesamt eignen sich für die Evaluation des MAG zum einen qualitative Daten und zum anderen die Verwendung von objektiven Kennzahlen. Diese sollten möglichst früh – am besten bereits in der Implementierungsphase – festgelegt und erhoben werden. Mögliche Kennziffern für das MAG sind die Beteiligungsrate der Mitarbeiter und die prozentuale Beteiligung der

Führungskräfte an Schulungen zum MAG. Bei den qualitativen Daten handelt es sich um Einschätzungen der am Prozess beteiligten Parteien, die durch Fragebögen oder Interviews gewonnen werden können. Durch Fragen sollen gezielt Stärken und Schwächen des MAG-Prozesses aufgedeckt werden. Eine Liste von Leitfragen zur Beschreibung und Bewertung von Leistungssystemen lässt sich auf Basis einer Veröffentlichung von Wittkuhn und Bartscher (2001) zusammenstellen. Die Fragen können prinzipiell auch bereits bei der Implementierung oder Vorbereitung von Mitarbeitergesprächen Anwendung finden.

Leitfragen zur Bewertung von Leistungssystemen
Ziele
– Liegt eine konkrete Beschreibung der Ziele vor? – Werden die zu erreichenden Standards expliziert? – Sind dem Mitarbeiter diese Ziele und Standards bekannt? – Ist über diese Ziele und Standards mit dem Mitarbeiter Übereinkunft erzielt worden?
Feedback Information
– Erhält der Mitarbeiter regelmäßig Informationen über den aktuellen Stand seiner Leistungen? – Sind diese Informationen als hinreichend aktuell, präzise und verlässlich anzusehen? – Sind diese Informationen auch dem Management bekannt?
Konsequenzen
– Folgen aus dem Erreichen der vereinbarten Leistungen positive Konsequenzen? – Entstehen negative Konsequenzen beim Nicht-Erreichen der vereinbarten Leistungen? – Sind dem Mitarbeiter diese Konsequenzen bekannt? – Ist über diese Konsequenzen mit dem Mitarbeiter Übereinkunft erzielt worden?
Mitarbeiter
– Verfügt der Mitarbeiter über die zur erfolgreichen Leistungserbringung notwendigen Fähigkeiten und Fertigkeiten? – Verfügt der Mitarbeiter über die zur erfolgreichen Leistungserbringung förderlichen Kenntnisse und das notwendige Wissen bzw. die notwendigen Kompetenzen? – Verfügt der Mitarbeiter über die zur erfolgreichen Leistungserbringung hinreichenden Erfahrungen?

Input/Arbeitsleistung
– Entspricht die Leistung des Mitarbeiters qualitativ den Anforderungen? – Liefert der Mitarbeiter seine Ergebnisse zeitgerecht? – Sind die Arbeitsergebnisse des Mitarbeiters ohne zusätzlichen Aufwand im Prozess (weiter-)verwendbar?
Umfeld
– Wird dcr Mitarbeiter von seinem Team bei der Leistungserbringung angemessen unterstützt?
Design
– Unterstützt die Struktur des Arbeitsplatzes die Informationsweitergabe und Leistungserbringung?
Ressourcen
– Stehen dem Mitarbeiter alle zur Erfüllung seiner Aufgaben förderlichen Ressourcen in Form von Arbeitsmaterialien und Informationen zur Verfügung? – Wird der Mitarbeiter hinreichend und umfassend durch das Management informiert und unterstützt?

Investitionen in die Gesprächskultur sind überlebensnotwendig

Werden Abweichungen zwischen den gewünschten Effekten des Mitarbeitergesprächs und den tatsächlichen Folgen festgestellt, so kann in einem nächsten Schritt überlegt werden, welche Interventionen zur Verbesserung des Instruments Mitarbeitergespräch eingeleitet werden können. Selbstverständlich sind bei Optimierungsmaßnahmen betriebswirtschaftliche Überlegungen z. B. hinsichtlich Aufwand und Ertrag nicht außer Acht zu lassen. Gleichwohl werden die betriebswirtschaftlichen Effekte einer positiven (also förderlichen, zuträglichen, offenen) Gesprächskultur in Organisationen meist dramatisch unterschätzt, so dass sich Investitionen in diesem Bereich sowohl unter kurz- und mittelfristiger Perspektive wie auch als Langzeitmaßnahmen sehr wohl rentieren. Schwierigkeiten bereitet allerdings häufig der exakte Nachweis dieser Effekte. Umgekehrt werden die Auswirkungen einer negativen (also hinderlichen, abträglichen, abgeschotteten) Gesprächskultur geradezu zu einer Zeitbombe für die Prosperität jeder Organisation.

In unter starkem Marktdruck stehenden Unternehmen, in denen permanent Prozesse verschlankt und optimiert werden, was auch vor den Instrumenten der Führungsarbeit wie dem Mitarbeitergespräch nicht halt macht, stehen MAG in der Gefahr, auf reine Leistungsbeurteilung und Zielsetzungs-

(im besten Fall: Zielvereinbarungs-)Gespräche zurückzufallen. Jiranek und Erdmüller (2007) plädieren für „ein anlassfreies, ebenfalls institutionalisiertes (im Sinne von „regelmäßiges") Mitarbeitergespräch, mit genügend Raum für den persönlichen Austausch. Die direkt beurteilungs- und leistungsorientierten Förder-, Leistungsbeurteilungs-, Gehaltsfindungs-, Jahresgespräche (...) sind dadurch nicht tangiert. Neben seiner konflikt-präventiven Funktion hat ein solches Gespräch oft Motivation stärkenden Charakter und festigt nicht selten die Bindung zum Vorgesetzten und zum Unternehmen."

Exkurs: Der Overload für das Mitarbeitergespräch?

Betrachtet man die einschlägige Literatur zum Mitarbeitergespräch, so mag der Eindruck entstehen, das Mitarbeitergespräch sei in etwa die „eierlegende Wollmilchsau" oder das „Multifunktions-Schweizer-Offiziersmesser" der Führungsarbeit. Bei den vielfältigen Facetten, die in einem Gespräch bearbeitet werden sollen, stellt sich die Frage, ob dies wirklich in einem mehrstündigen Gespräch erreicht werden soll und kann. Ermüdungsaspekte der Gesprächspartner scheinen dabei ebenso eine Rolle zu spielen wie die Verquickung von Aspekten der Zielerreichungsbeurteilung mit denen der allgemeinen Entwicklungschancen. Gestmann (2004) berichtet dazu von einem Ansatz des Automobilzulieferers Etats aus Stuttgart. Dort wird das Mitarbeitergespräch in vier Etappen entzerrt:

- Das Zielvereinbarungsgespräch — 4. Quartal
  - Ziel: Vorgesetzter und Mitarbeiter legen auf Basis der individuellen Balanced Scorecard quantitative und qualitative Ziele für das folgende Jahr fest.
- Der Employee Performance Review — 1. Quartal
  - Ziel: Vorgesetzter und Mitarbeiter besprechen die jeweils erreichten Ergebnisse, die auch Grundlage für die Bonusvergütung sind.
- Die Management Development Discussion — 2. Quartal
  - Die Team- und Abteilungsleiter diskutieren Leistungen, Gestaltungswillen und Einsatzmöglichkeiten ihrer Mitarbeiter, beurteilen diese und besprechen mögliche Personalentwicklungsmaßnahmen.
- Der Employee Development Dialogue — 3. Quartal
  - Der Vorgesetzte bespricht mit jedem Mitarbeiter, wie dessen Leistungen und Leadership-Qualitäten eingeschätzt werden und welche Entwicklungsmaßnahmen geplant sind. Konkrete Maßnahmen werden daraufhin vereinbart.

Die Verteilung über mehrere Etappen scheint auch unter dem Aspekt zu befürworten zu sein, dass damit das Thema Mitarbeiterführung und -gespräch nicht im „worst case" zum singulären Ereignis verkommen kann, sondern die Vorgesetzten-Mitarbeiterbeziehung über das Jahr hinweg begleitet. Möchte man am obigen Modell konzeptionelle Kritik üben, dann allenfalls an der außerordentlich langen zeitlichen Distanz zwischen der Zielvereinbarung und den Entwicklungsmaßnahmen. Hier ist eine engere Verknüpfung zwischen den Zielen und den dazu erforderlichen und ggf. noch zu entwickelnden/zu trainierenden Kompetenzen im Sinne von Competencies durchaus sinnvoll.

4.3 Häufige Gesprächsformen

Wie bereits in Kapitel 1.4 dargestellt, existieren zahlreiche Bezeichnungen für das Mitarbeitergespräch, hinter denen sich zum Teil ganz unterschiedliche Gespräche verbergen, die sich durch den Anlass, die Initiierung und das Vorgehen, aber auch durch das anvisierte Ergebnis unterscheiden. Im Folgenden werden die anlassbezogenen Mitarbeitergespräche näher erläutert, die man am häufigsten in der Unternehmenspraxis antrifft. Dies sind Anerkennungs- und Kritikgespräche, Beurteilungsgespräche, Personalentwicklungsgespräche und Konfliktgespräche sowie Austritts- bzw. Kündigungsgespräche.

Übrigens: Demotivation klappt immer

Kenntnis über die Auswirkungen einzelner Gesprächstypen ist insbesondere deshalb wichtig, da im Fall des Misslingens eines Gesprächs bei dem Mitarbeiter negative Reaktionen ausgelöst werden können. Dies können z. B. Gefühle der persönlichen Kränkung (nicht von ungefähr hat „Kränkung" den gleichen Wortstamm wie der Begriff „krank") sein. Zudem kann auch die Beziehung zwischen dem Vorgesetzten und seinem Mitarbeiter darunter leiden, oder aber der Mitarbeiter ist nachhaltig demotiviert. Dies kann letztlich bis zur inneren Kündigung führen (vgl. Rischar, 2006).

4.3.1 Das Feedbackgespräch – Anerkennung und Kritik

Das Feedbackgespräch kann grundsätzlich – abhängig von der Leistung und dem Verhalten des Mitarbeiters – in zwei verschiedenen Formen durchgeführt werden, als Anerkennungs- oder Kritikgespräch, bzw. als Kombination aus beidem. Diese Gesprächsform wird in Bezug auf die Rückmeldung zu einem bestimmten Arbeitsergebnis oder Verhalten durchgeführt. Tabelle 9 zeigt generelle Leitlinien zur Thematik auf.

Tabelle 9:
Leitlinien zum Vorgehen bei Anerkennung und Kritik

	Anerkennung	Kritik
Wer?	Direkter Vorgesetzter (der auch Anerkennung nächsthöherer Vorgesetzter weitergeben kann); abweichend von dieser Leitlinie kann im Prinzip von jeder Person Anerkennung ausgesprochen werden	In der Regel der direkte Vorgesetzte
Was?	Erwünschte Leistungsergebnisse und Verhalten (nicht nur außergewöhnliche Leistungen, sondern auch gleich bleibend gute Leistungen)	Unerwünschte Leistungsergebnisse und Verhalten (Wichtig: Sachverhalt einwandfrei klären und dem Mitarbeiter die Möglichkeit zur eigenen Darstellung geben)
Wo?	In der Regel unter vier Augen Auch möglich: Lob einer ganzen Arbeitsgruppe Im Ausnahmefall: Lob Einzelner vor der Gruppe	Unter vier Augen
Wie?	Ausdrücklich, detailliert, dem Sachverhalt angemessen (Wichtig: Der Vorgesetzte muss sich exakt informiert haben) Ansonsten: Zweifel an Glaubwürdigkeit	Sachlich, eindeutig (Wichtig: Der Vorgesetzte muss sich exakt informiert haben) Schonung des Selbstwertgefühls (Nicht „plattmachen“, Gesicht wahren lassen) Konstruktiv (aber auch nicht sofort die Schärfe herausnehmen)
Wann?	Am besten unmittelbar (Sobald Vorgang überschaut werden kann)	Möglichst unmittelbar (nicht alte Geschichten immer wieder aufkochen) Aber förderlich: Ungestörte Atmosphäre Manchmal auch: Darüber schlafen, um die Wut verrauchen zu lassen
Weiterhin?	Sensibel bleiben, auch Teilerfolge anerkennen, evtl. gezielte Maßnahmen zur Förderung in Angriff nehmen	Den Mitarbeiter als Person nicht in Frage stellen Hilfestellung anbieten, nicht nachtragen; bei wiederholten Schwierigkeiten: Offene Kontrollen ankündigen und durchführen

Anerkennungsgespräche werden in der Regel deutlich seltener durchgeführt als Kritikgespräche, da die Ausgangslage keinen Sachzwang nach sich zieht (vgl. Rischar, 2006). Während bei guten Arbeitsergebnissen vermeintlich alles so weiterlaufen kann wie gehabt („wenn es gut läuft, sage ich nichts"), werden schlechte Arbeitsergebnisse dem jeweiligen Mitarbeiter häufig umgehend mitgeteilt, um weiter gehende Schäden für das Unternehmen zu verhindern. Es sollte jedoch in der Praxis nicht vergessen werden, dass Anerkennungsgespräche, die in unmittelbarer zeitlicher Nähe zum anerkennenswerten Arbeitsergebnis geführt werden, eine hohe motivationale Wirkung haben und häufig weitere gute Leistungen nach sich ziehen.

Gute Leistungen ausdrücklich anerkennen

Sarges (1995) verweist in diesem Zusammenhang darauf, wie wichtig es ist, die richtigen Fragen zu stellen und gut zuzuhören, was gemeinsam die Fähigkeit zum „Explorieren" ausmacht. Auf diese Weise werden die gewünschten „Erzählströme" gefördert, die Ansatzpunkte für ein weiteres zuträgliches Vorgehen liefern.

4.3.2 Das Beurteilungsgespräch

Bei dem Beurteilungsgespräch handelt es sich um die komplexeste Form des Mitarbeitergesprächs, da hier die meisten Facetten – von der Sachinformation über die Beziehungsklärung bis hin zum Feedback – angesprochen werden (vgl. Fiege et al., 2006). Die Grundlagen für Beurteilungsgespräche sind wie auch für Anerkennungs- und Kritikgespräche Verhaltensmerkmale und Leistungsergebnisse sowie in diesem Zusammenhang recht häufig der Abgleich von Arbeitsergebnissen mit Zielvereinbarungen. Anlässe für Beurteilungsgespräche können z. B. das Ende der Probezeit, Projektabschlüsse, Veränderungen wie ein Vorgesetztenwechsel oder aber institutionalisierte Regelbeurteilungen sein (Brenner & Brenner, 2002). Dementsprechend sind neben der Feststellung des Ausmaßes der Zielerreichung auch die Festlegung neuer Zielvereinbarungen, ein regelmäßiges Feedback, die Vereinbarung von Förder- und Entwicklungsmaßnahmen sowie eine Verbesserung von Zusammenarbeit und Rahmenbedingungen Ziel des Beurteilungsgesprächs.

Abgleich mit Selbstbeurteilung

Bei der Beurteilung einer Leistung sollte immer auch eine Art Selbstbeurteilung durch den Mitarbeiter erfolgen, d. h. der Mitarbeiter sollte sich im Vorfeld unbedingt in systematischer Form Gedanken machen, wie er sich selbst einschätzt. Ansonsten kann der notwendige Abgleich zwischen Selbstsicht und Fremdsicht nicht erfolgen. Die „Selbstbeurteilung" des Mitarbeiters muss dabei keineswegs in einem ausgefüllten Beurteilungsbogen bestehen – vielmehr geht es um eine intensive Beschäftigung mit den eigenen Stärken und Schwächen. So können im Gespräch etwaige Abweichungen zwischen der Sicht des Vorgesetzten und der des Mitarbeiters fruchtbar diskutiert werden. Fiege et al. (2006, S. 507) geben eine beispielhafte Übersicht über Ablauf und inhaltliche Aspekte eines Beurteilungsgesprächs (s. Abbildung 15).

Übersicht über den Ablauf eines Beurteilungsgesprächs

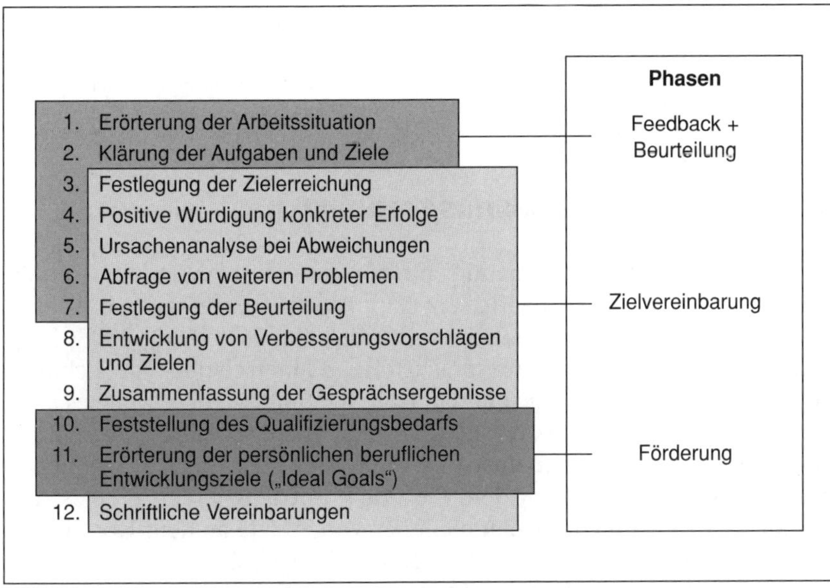

Abbildung 15:
Ablauf und Inhalt eines Beurteilungsgesprächs

Wichtig für eine sinnvolle Beurteilung ist es in jedem Fall, dass möglichst frühzeitig eine Bewertungsskala festgelegt und an den Mitarbeiter kommuniziert wird, damit Missverständnissen und Fehlwahrnehmungen vorgebeugt werden kann (vgl. Hölzl & Raslan, 2006).

4.3.3 Das Personalentwicklungsgespräch

Das Personalentwicklungs- oder Potenzialgespräch zeichnet sich vor allem durch seine Zukunftsorientierung aus. Es ist von großer Wichtigkeit für die Organisation, um die Leistungsfähigkeit und -bereitschaft ihrer Mitglieder zu erhalten und zu erhöhen (vgl. Schreurs, 1998). Anlässe für ein solches Gespräch können interne Versetzungen, der Wegfall alter Stellen und darin begründete Umbesetzungen, aber beispielsweise auch die Institutionalisierung einer Nachwuchsführungskräfteentwicklung sein. Für das Vorgehen bietet sich zunächst eine Stärken-Schwächen-Analyse bzw. Potenzialbeurteilung an, die in der Regel vor dem Gespräch z. B. mit Unterstützung der Personalabteilung durchgeführt werden kann. Für diese Analyse eignet sich eine Reihe von Verfahren bis hin zu persönlichkeitsorientierten Fragebogenverfahren. Für einen umfassenden praxisnahen Überblick siehe z. B. Hossiep und Mühlhaus (2005). Neben der Analyse des Potenzials sollte der Mitarbeiter Transparenz über

Wichtig: Transparenz

seine Aufstiegs- und Entwicklungsmöglichkeiten erhalten. Ziele können zum einen das Schließen von Leistungslücken und zum anderen die Qualifizierung in Hinblick auf neue berufliche Erfordernisse sein (vgl. Schaufelberger, 1992).

4.3.4 Das Konfliktlösungsgespräch

Konfliktlösungsgespräche bedürfen einer besonders guten Vorbereitung der Führungskraft, da sie häufig sehr stark negativ besetzt und mit Ängsten aller beteiligten Gesprächspartner verbunden sind (vgl. Hug, 2003; Lippmann, 2003). Von anderen Gesprächsformen unterscheiden sie sich auch durch ihre Initiierung, da sie nur dann durchgeführt werden, wenn es einen konkreten Anlass gibt. Das Konfliktgespräch unterscheidet sich von dem Kritikgespräch u. a. darin, dass es je nach Konflikt ggf. von Nöten sein kann, weitere Personen zu dem Gespräch hinzuzuziehen. Dies ist insbesondere dann sinnvoll, wenn nicht der Vorgesetzte an dem Konflikt beteiligt ist, sondern ein Dritter, während Kritikgespräche in der Regel als Vier-Augen-Gespräche geführt werden sollten. Neben der sofortigen Hinzuziehung aller an einem Konflikt beteiligten Personen kann es für die Führungskraft gleichsam als Konfliktmediator auch angezeigt sein, zunächst einzelne Gespräche mit allen Parteien führt, um sich einen Überblick über jede Perspektive zu verschaffen. Dies ist insofern relevant, als sich die Betroffenen ernst genommen fühlen können und der Eindruck von Voreingenommenheiten abgemildert wird.

Letztlich kann der Führungsprozess insgesamt durchaus als Akt des Verhandelns verstanden werden. Führen bedeutet – vor allem im Konfliktfall – auch Menschen dazu zu bewegen, etwas zu tun, was sie ohne diese Intervention (aus welchen Gründen auch immer) nicht ohne weiteres tun würden. Im Klassiker der Verhandlungstechnik „Das Harvard-Konzept" (Fisher, Ury & Patton, 2004) geben die Autoren eine Reihe konkreter Empfehlungen (z. B. „Seien Sie hart in der Sache, aber sanft zu den beteiligten Menschen"), die auch im Mitarbeitergespräch hilfreich sein können.

Ein positiver Gesprächsbeginn sowie die sachliche und unmissverständliche Darstellung der Argumente erhöhen normalerweise die Bereitschaft des Mitarbeiters, sich mit dem Konflikt auseinanderzusetzen. Zudem sollte dem Mitarbeiter zu Beginn des Gesprächs die Möglichkeit der Darstellung des Konflikts aus seiner Sicht gegeben werden. Ein konstruktiver Umgang mit Konflikten wie das Schließen eines Kompromisses oder das Entwickeln einer Lösung kann immer auch der Anstoß zu positiven Veränderungen über die Lösung des Konfliktes hinaus werden (vgl. Rischar, 2006). Fiege et al. (2006, S. 509) schildern ein beispielhaftes Vorgehen.

Ablauf eines Konfliktlösungsgesprächs

Phasen beim Konfliktgespräch

- Bereitschaft zur Konfliktlösung bei den Beteiligten eruieren
- Einsicht fördern, dass betriebliche Notwendigkeit zur Lösung besteht
- Vorbereitung durch Einzelgespräche mit den Konfliktbeteiligten ohne Wertung durch den Vorgesetzten
- Vereinbarung eines Zeitrahmens und von Regeln zur Gesprächsführung
- Offene Gesprächsatmosphäre durch Gesprächstechniken fördern (Spielregeln, Verbalisieren)
- Direktive und non-direktive Gesprächsverhaltensweisen im Wechsel
- Gegenseitiger Austausch der Erwartungen ohne Unterbrechung durch andere Konfliktpartei (Trennendes benennen)
- Kooperative Erarbeitung einer gemeinsamen Lösung v. a. durch die Konfliktparteien; Vorgesetzter als Moderator (gemeinsamen Nenner suchen)
- Fixierung der Vereinbarungen ohne wesentliche Benachteiligung einer Partei
- Klare, eindeutige und widerspruchsfreie Formulierungen verwenden
- Unterschreiben der Vereinbarungen durch alle Beteiligten
- Follow-up: Termin für nachbereitendes Gespräch zur Überprüfung der Einhaltung der Vereinbarungen festlegen

4.3.5 Das Rückkehrgespräch

Rückkehrgespräche sollten durchgeführt werden, wenn ein Beschäftigter nach längerer Fehlzeit wieder seine Tätigkeit aufnimmt. Vorreiter für diesen Gesprächstyp war wohl die Adam Opel AG, die diese Art der Gespräche im Rahmen ihres Anwesenheits-Verbesserungs-Prozesses (AVP-Konzept) unternehmensweit etablierte. Im Rahmen eines mehrphasigen Gesprächskonzepts sollten so Fehlzeiten reduziert werden (vgl. Wompel, 1999).

Das wichtigste Ziel von Rückkehrgesprächen sollte nicht darin bestehen, herauszufinden, warum jemand gefehlt hat, sondern festzustellen, was in Zukunft getan werden kann, damit sich Fehlzeiten nicht wiederholen. Im Fall unerwarteter Abwesenheit sollte jedoch zudem versucht werden, die Beweggründe für das Fehlen des Mitarbeiters herauszufinden, um ihnen entgegen wirken zu können und den Mitarbeiter neu zu motivieren. Grundlage hierfür ist eine genaue Erfassung und Auswertung der Fehlzeiten des Mitarbeiters. Bei wiederholten Gesprächen in Folge von Abwesenheit sollten auch mögliche Konsequenzen für den Mitarbeiter thematisiert werden

Keine Rückkehr ohne Gesprächskontakt

(vgl. Fischer, 2000). Es besteht allerdings die Gefahr, dass Rückkehrgespräche generell als Disziplinierungsinstrument aufgefasst werden und die Mitarbeiter einschüchtern. Dies lässt sich verhindern, wenn grundsätzlich nach jeder mindestens eintägigen Abwesenheit eines Mitarbeiters – soweit die Führungsspanne dies zulässt – ein Gesprächskontakt (der sehr kurz sein kann) erfolgt. Beispielsweise mit dem Tenor: „Prima, dass Sie wieder an Bord sind." Oder „Mit Ihnen schaffen wir es besser.". Auf diese Weise lassen sich erfahrungsgemäß Fehlzeiten reduzieren und der Mitarbeiter wird sich der positiven Aufmerksamkeit des Vorgesetzten bewusst (ansonsten können Gedanken entstehen wie: „Der merkt ja überhaupt nicht, ob ich da bin oder nicht!"). Abbildung 16 zeigt die häufigsten Ursachen von Fehlzeiten (in Anlehnung an Schreurs, 1998). Bei den meisten Ursachen handelt es sich um organisatorische Rahmenbedingungen, die jedoch der direkte Vorgesetzte selbst maßgeblich beeinflussen kann. Das Rückkehrgespräch sollte möglichst zeitnah nach dem Wiedererscheinen des Mitarbeiters geführt werden.

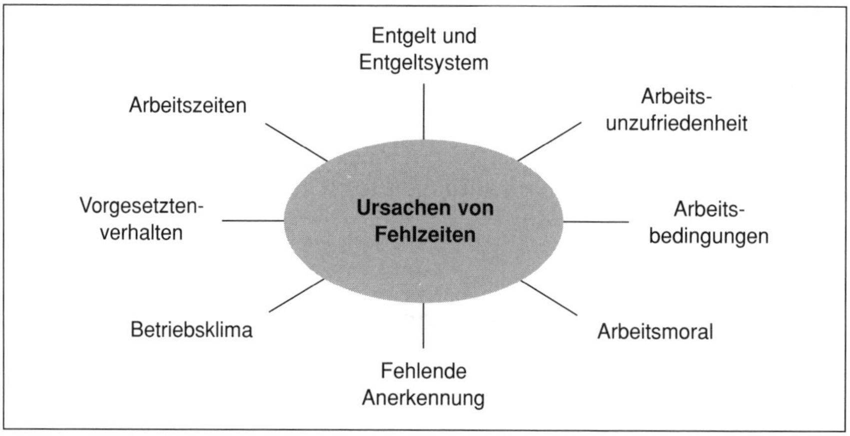

Abbildung 16:
Die häufigsten Ursachen von Fehlzeiten

Gleichwohl lässt der Blick auf aktuelle Fehlzeitenstatistiken (als Quelle kann das Bundesministerium für Arbeit und Soziales dienen) erkennen, dass das Potenzial mit etwa drei Prozent Krankenanteil ausgeschöpft zu sein scheint. So mehren sich die Stimmen, dass eine zu drastische Reduktion des Krankenstandes („Der eingebildete Gesunde"; vgl. Reinhold, 2007) negative wirtschaftliche Effekte für die jeweilige Organisation nach sich zieht.

Ein Sonderfall des Rückkehrgesprächs sind zunehmend Gespräche nach einer Elternzeit oder nach einer Beurlaubung (Sabbatical). In diesen Fällen sollte das Gespräch darauf abzielen, den Mitarbeiter über Veränderungen im Unternehmen und seine neuen Aufgaben zu informieren. Hierbei haben insbesondere die Dauer der Auszeit und mögliche Weiterbildungen in diesem Zeitraum einen großen Einfluss darauf, wie reibungslos die Wiedereingliederung erfolgen kann (vgl. Demmer, 2002). Nicht ungewöhnlich ist es mittlerweile, dass einem Arbeitnehmer nach seiner Rückkehr ein neuer Arbeitsbereich zugewiesen wird. Somit sind unter Umständen auch Gespräche mit neuen Vorgesetzten zu führen.

4.3.6 Das Austritts- oder Trennungsgespräch

Nicht nur bei Aufnahme und über die Dauer einer Beschäftigung hinweg, sondern auch bei Beendigung eines Beschäftigungsverhältnisses wird in der Regel ein Mitarbeitergespräch geführt. Abhängig davon, von wem die Trennung ausgeht, werden unterschiedliche Bezeichnungen verwendet. Geht die Kündigung vom Unternehmen aus, so spricht man vom Kündigungs- oder Trennungsgespräch, geht sie vom Mitarbeiter aus, spricht man meist vom Austrittsgespräch (vgl. Nerdinger, 1997). Während in Kündigungs- oder Trennungsgesprächen häufig zunächst dem Mitarbeiter die Botschaft übermittelt wird und der Vorgesetzte somit eine sehr detaillierte Vorbereitung benötigt, werden Austrittsgespräche aus Sicht des Unternehmens in erster Linie geführt, um die Gründe des Mitarbeiters für seine Entscheidung in Erfahrung zu bringen. Dies wird in der Regel für das Unternehmen sinnvoll sein, um mögliche Motive für eine Kündigung zu beseitigen. Allerdings sind im Dialog mit dem Mitarbeiter die wahren Ursachen bisweilen schwer zu ergründen, da häufig primär sozialverträgliche Gründe benannt werden. Fiege et al. (2006, S. 510) fassen die Ziele des Austrittsgesprächs zusammen und geben einen Überblick über das Vorgehen. Die Hauptziele während des Gesprächs sind:

Der austretende Mitarbeiter hat häufig wichtige Informationen

- Erfragen von Gründen für die Kündigung
- Ermitteln von Problemen
- Sicherung der Außenwirkung

Als Resultat aus dem Gespräch sind die Ziele des Unternehmens:
- Ermitteln von Ansatzpunkten zur Verbesserung
- Vergleich der Position am Arbeitsmarkt
- Wahrnehmen von Ansatzpunkten zur Vermeidung weiterer Fluktuation

Die Durchführung des Gesprächs sollte durch den Vorgesetzten erfolgen, sofern dieser nicht der Grund für die Kündigung des Mitarbeiters ist. Besteht noch großes Interesse des Unternehmens an einem Mitarbeiter und ist dieser noch nicht fest entschlossen, das Unternehmen zu verlassen, so sollte versucht werden, den vorhandenen Konflikt und mögliche Diskrepanzen aufzulösen. In Bezug auf die Sicherung der Außenwirkung ist es in jedem Fall wichtig, eine positive Atmosphäre im Gespräch zu schaffen, aber zumindest dem Mitarbeiter für seine Arbeit zu danken und ihn angemessen zu verabschieden.

Keine „Politik der verbrannten Erde"

Am *Wie* einer Kündigung zeigt sich der Stil des Hauses. Wie mit Beschäftigten umgegangen wird, die das Unternehmen verlassen müssen, hat eine enorme Ausstrahlung vor allem auf die verbleibenden Mitarbeiter. Deren Loyalität, Motivation und Commitment kann nur erhalten werden, wenn von Seiten des Unternehmens bei der Kündigung nachvollziehbar und im besten Sinne „anständig" vorgegangen wird. Darüber hinaus ist zu bedenken, dass sich in Zukunft noch verstärkt Berufskarrieren nicht mehr nur in einem Unternehmen abspielen, sondern der mehrfache berufliche „turnover" zur Normalität wird. Nicht selten kehren dabei Mitarbeiter zu alten Arbeitgebern zurück. Auch vor diesem Hintergrund verbietet sich eine „Politik der verbrannten Erde".

Kündigungsgespräche bedürfen selbstverständlich einer umfassenden rechtlichen Absicherung. Handelt es sich um eine betriebsbedingte Kündigung, so können wichtige Bestandteile des Gesprächs die Vereinbarung einer Abfindung, sonstiger sozialer Absicherung und ggf. eine Outplacement-Beratung sein (s. Andrzejewski, 2004). Im Gegensatz zur Mehrzahl der sonstigen Mitarbeitergespräche hat im Kündigungsgespräch der Vorgesetzte den überwiegenden Redeanteil. Im Sinne des Mitarbeiters und zur Wahrung der Außenwirkung sollten solche Gespräche nicht mittelbar vor einer Abwesenheit (Dienstreise, Urlaub, Krankenhausaufenthalt) geführt werden.

4.4 Varianten der Methode und Kombinationen

Das Mitarbeitergespräch lässt sich mit einer Reihe anderer Instrumente der Personalplanung verknüpfen. Dies sind insbesondere Zielvereinbarungen, Gehaltsplanungen, Entwicklungsplanungen, qualitative Personalplanungen, Personaleinsatzplanungen, Planungen von Geschäfts- und Arbeitszielen sowie integriertes Performance Management, die im Folgenden in ihrer Verzahnung zum MAG erläutert werden.

4.4.1 Zielvereinbarungen

Das Führen auf Basis von Zielvereinbarungen ist weit verbreitet. Nach einer Studie aus dem Jahr 1995, bei der vor allem Mitarbeiter der oberen Hierarchieebenen wie dem mittleren und oberen Management befragt wurden, setzten 83,5 Prozent der Unternehmen bereits Zielvereinbarungen ein. Weitere 11 Prozent gaben an, sich in der Planungsphase für die Einführung von Zielvereinbarungssystemen zu befinden (s. Hölzle, 2000). Die große Verbreitung ist unter anderem auch darauf zurückzuführen, dass sich die Trennung des Gehalts in fixe und variable Bestandteile für die Entlohnung des Managements einer ungebrochenen Beliebtheit erfreut und der Grad der Zielerreichung hierbei oftmals als Grundlage für die variablen Gehaltsbestandteile dient.

Während in der betrieblichen Praxis häufig auf das Konzept *Führen mit Zielvereinbarungen* Bezug genommen wird, wird in der wissenschaftlichen Forschung in der Regel ein Management by objectives untersucht. Die Ergebnisse der Forschung sind allerdings in den Fällen auf Zielvereinbarungen übertragbar, in denen Personen die vorgegebenen Ziele akzeptieren und übernehmen (s. Locke & Latham, 2002; vgl. auch Schmidt & Kleinbeck 2006). Die Erkenntnis, dass Zielvorgaben – sofern erläutert und von den Mitarbeitern akzeptiert – eine ganz ähnliche Wirkung wie Zielvereinbarungen erreichen, kann in der Tat im Betriebsalltag von großer Bedeutung sein. Und zwar insofern, als die zwanghafte Erreichung einer aus „freien Stücken" erfolgten Zustimmung der nachgeordneten Ebene (mit allen Konsequenzen für die Vertrauenskultur) umgangen bzw. umschifft werden kann. Fatal wären allerdings die motivationalen Auswirkungen, wenn verkappte Zielvereinbarungen als Zielvorgaben enttarnt werden (was fast zwangsläufig irgendwann passiert).

Eine Zielvereinbarung muss auch vereinbart werden können

Insgesamt konnte in zahlreichen Studien gezeigt werden, dass ein Zusammenhang zwischen Leistungszielen und Arbeitsleistung besteht. Hierbei geht eine besondere Wirkung von spezifischen, herausfordernden und anspruchsvollen Zielen aus. Locke (2001, S. 48) beschreibt die Ergebnisse der Studien folgendermaßen: „There have been more than 500 studies of goal setting on work tasks. It has been studied in at least eight countries. Goals have been set for many types of outcomes, including sales, R & D, cost control, productivity, quality, and efficiency. It works in both laboratory and organizational settings and with both individuals and groups. About 90 % of goal-setting studies have achieved positive results. One survey revealed that the average performance improvement attained by goal-setting studies in real organizations was +16 %, although in some cases the improvement was over 50 %."

Karnicnik und Bischoff (2000) zeigen die Verknüpfung von Zielvereinbarungen und dem Mitarbeitergespräch auf, indem sie ein Design für das Mitarbeitergespräch vorschlagen, das besonders auf die Zielvereinbarung und Zielerreichungsmessung fokussiert. Hier liegt der Ausgangspunkt der Zielvereinbarung, die nicht nur für die Führungskräfte, sondern auch für die Mitarbeiter aus den Unternehmenszielen abgeleitet werden sollte. Im Mittelpunkt des Gesprächs sollte die Arbeitsaufgabe des Mitarbeiters stehen. Es erfolgt eine Betrachtung und Bewertung der Arbeitsergebnisse des Mitarbeiters und ggf. eine Ursachenforschung im Fall von negativen Abweichungen auf Basis der Zielvorgaben. Der Schwerpunkt des Zielvereinbarungsgesprächs soll dabei auf der Personalführung liegen, während das Mitarbeitergespräch auch Aspekte der Personalentwicklung umfasst.

Gleichwohl ist kritisch anzumerken, dass die mittlerweile auch auf den öffentlichen Dienst übergreifende Praxis der Reduktion des MAG auf ein pures Zielvereinbarungsgespräch zur Delegation gesprächsgestützter Führung an ein eher technisches Tool führt. Vermeintlich kann hierdurch das Mitarbeitergespräch sozusagen „eingespart“ werden. Es wird auf diese Weise eben nicht mehr *mit*, sondern faktisch *durch* Ziele geführt, was letztlich die Wirksamkeit von Führung unterminiert, die persönliche Beziehung zwischen Vorgesetztem und Mitarbeiter scheinbar überflüssig macht und in letzter Konsequenz die nicht im Zielvereinbarungssystem dokumentierten Leistungserbringungen auch nicht mehr erfolgen – was wiederum detailliertere Regelungen, Kontrollen und Dokumentationen nach sich zieht.

Führungswirksamkeit wird leicht unterminiert

Schmidt und Kleinbeck (2006) akzentuieren die Gemeinsamkeit von Mitarbeitergesprächen, Zielvereinbarungsgesprächen, Leistungsbeurteilungsgesprächen, Management by Objectives und der Balanced Scorecard, als im Kern der Versuch beinhaltet ist, die Leistungen der Organisationsmitglieder so auszurichten, dass die Arbeitsergebnisse mit den übergeordneten Zielen der Organisation in Einklang stehen.

4.4.2 360°-Feedback

Multiperspektivischer Ansatz

Beim 360°-Feedback handelt es sich um ein Verfahren zur systematischen Beurteilung von Mitarbeitern und Führungskräften. Dabei werden die eingeschätzten Personen aus der Perspektive verschiedener Gruppen der Arbeitsumgebung beurteilt. Besonders zuverlässige Einschätzungen können hierbei diejenigen Personen liefern, die mit dem zu Beurteilenden (Fokusperson) in regem Austausch stehen. Hierzu gehören Vorgesetzte, Kollegen, Mitarbeiter, Kunden und die Fokusperson selbst. Das Verfahren ist somit multiperspektivisch.

Die Beurteilung erfolgt in der Regel anhand einer schriftlichen, standardisierten und anonymen Befragung. Im Feedback werden tätigkeitsbezogene Kompetenzen, Fähigkeiten oder Verhaltensstile der Fokusperson rückgemeldet. Dabei kann ein Abgleich zwischen Selbst- und Fremdbeurteilung zeitgleich vorgenommen werden (s. z. B. Hossiep, Paschen & Mühlhaus, 2000). Das 360°-Feedback verfolgt in der Regel zwei unterschiedliche Zielsetzungen. Zum einen kann es die reine Bewertung einer Führungskraft beabsichtigen. Zum anderen soll es jedoch zuvorderst der Entwicklung der Fokusperson dienen. Deren Fähigkeiten sollen so entfaltet werden, dass sie mit einem angestrebten Anforderungsprofil kompatibel sind. Scherm und Sarges (2002) nennen folgende weitere Zielindikatoren, die mit einem 360°-Feedback verfolgt werden können.

Ziele des 360°-Feedbacks

Führungskräfte:
- Stärkung der Bereitschaft zur Veränderung
- Training der Fähigkeiten zur Selbstentwicklung

Unternehmen:
- Intensivierung des unternehmensweiten Dialoges über Anforderungen und Kompetenzen
- Optimierung und Ergänzung bestehender Diagnoseverfahren für die Personalentwicklung
- Bindung der Leistungsträger (internes Personalmarketing)
- Verbesserung der Wettbewerbsfähigkeit und Ertragskraft

Neben dem 360°-Feedback in seiner klassischen Form prognostizieren Scherm und Sarges (2002, s. auch Scherm, 2005) eine stärkere Verknüpfung des Verfahrens bzw. von Verfahrenselementen mit der Führungskräfteauswahl und -entwicklung, in Assessment Centern generell sowie eine Verzahnung mit Leistungsbeurteilungen und Zielvereinbarungen.

4.4.3 Coaching Gespräche

Beim Coaching handelt es sich um ein Personalentwicklungsinstrument, das ausschließlich von entsprechend ausgebildeten Personen durchgeführt werden sollte. Die Beratungsbeziehung zwischen Coach und Führungskraft sollte sich durch Akzeptanz, Vertrauen und Diskretion auszeichnen (vgl. Rauen, 2005). Genauso wie das MAG ist es vielfach ein Vier-Augen-Gespräch. Anders als bei der Situation im Mitarbeitergespräch ist der Coach in der Regel nicht der direkte Vorgesetzte, sondern ein speziell für das Coaching ausgebildeter und eingesetzter interner Mitarbeiter oder häufig auch ein externer Berater. Das Ziel solcher Gespräche ist es, Hilfe zur Selbsthilfe zu ermöglichen. Der Gecoachte wird dazu angeleitet, über sein alltägliches, insbesondere berufliches, Handeln zu reflektieren und es sollten sich ihm dabei neue Wege und Verhaltensweisen erschließen sowie Stärken und Schwächen verdeutlichen. Dieser Prozess ist ausgesprochen personenzentriert und zwar ausschließlich auf die Person des Gecoachten. Neben anderen Herangehensweisen, die ausschließlich auf berufliche Bereiche fokussieren (z. B. 360°-Beurteilung), können im Coaching auch private Inhalte thematisiert werden. Zur Unterstützung und Begleitung des Coaching-Porzesses stellt die wissenschaftliche Psychologie mittlerweile auch ein brauchbares Methodeninventar zur Verfügung (Hossiep & Bräutigam, 2006).

Schwierigkeiten beim Coaching

Wie auch beim MAG können bei der Durchführung des Coachings verschiedenartige Probleme auftreten. Rauen (2003) schildert mögliche Schwierigkeiten:
- Neutralitätsverlust (besonders bei internen Coaches und coachenden Vorgesetzten)
- Anpassung des Individuums an die Organisation
- „Sündenbock“-Funktion des Coaches
- Machtspiele, Machtmissbrauch

- Kompetenzüberschreitungen (seitens des Coaches)
- Zu kurze/lange Dauer des Coachings
- Übertragungen, Projektionen und falsche Erwartungshaltungen.

Entsprechend einer Vielzahl psychologischer Verfahrensweisen ist auch hier ein Erfolg nur dann möglich, wenn die Führungskraft das Coaching freiwillig in Anspruch nimmt. Über einige generelle Grundtechniken hinaus, die die Basis für das Coaching bilden (s. z. B. Rauen, 2006; Simon, 2006), ist es individueller als das Mitarbeitergespräch, da das Verfahren immer an den Klienten und seine Bedürfnisse angepasst wird. Neben dem Einzelcoaching finden sich in der Praxis auch verschiedene Varianten wie das Gruppencoaching, Coaching durch mehrere Berater oder Intensiv-Workshops mit Coaching-Charakter.

4.4.4 Performance Management

Unter dem Begriff „Performance Management" wird ein Management-Prozess zur Leistungssteuerung und -steigerung verstanden, der an der Unternehmensstrategie ausgerichtet ist. Hauptanliegen ist die Sicherung der Wettbewerbsfähigkeit des Unternehmens (vgl. Jetter, 2004; Biesalski & Abecker, 2006). Als Hauptelement des Performance Managements gelten:
- Entwicklung von Unternehmensstrategie und Unternehmenszielen
- Vereinbarung von Leistungsanforderungen und konkreten Zielen für das Gesamtunternehmen, Organisationseinheiten, Prozessverantwortliche und einzelne Mitarbeiter
- Management der erzielten Resultate
- Feedback in Bezug auf die erbrachten Leistungen
- Personalpolitische Konsequenzen mit Blick auf die erbrachten Leistungen.

Beim Performance Management werden verschiedene Instrumente aus dem Führungsalltag eingesetzt, entscheidend ist jedoch, dass nicht wahllos Instrumente angewendet werden, sondern dass dem Ganzen ein sinnvolles, übergeordnetes Konzept zugrunde liegt. Zu den gebräuchlichen Instrumenten zählen neben dem Mitarbeitergespräch auch die Balanced Scorecard, Incentivesysteme, Zielvereinbarungssysteme und das Management by Objectives. Abbildung 17 zeigt beispielhaft, wie sich die genannten Hauptelemente und Instrumente zu einem Prozess zusammenfügen können.

Schädliche Nebenwirkungen von Tools

Zur Erreichung optimaler Performance wird den Unternehmen der Einsatz der gängigen Verfahren wie Change Management, Lean Management, Total Quality Management, kontinuierlichen Verbesserungsprozessen (KVP) und Outsourcing angeraten. Vom Grundsatz her zunächst vielversprechend, bergen die zahlreichen angesagten Tools im betrieblichen Alltag die Gefahr,

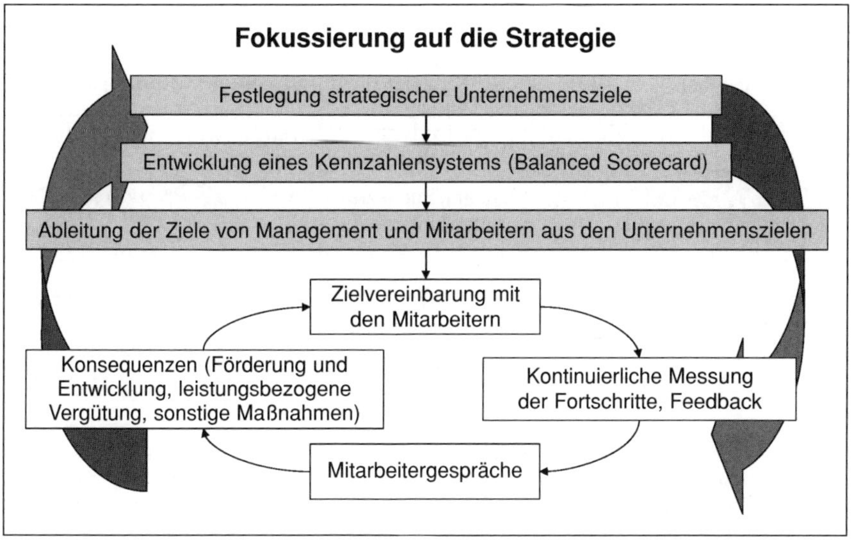

Abbildung 17:
Performance Management Gesamtkreislauf (nach Jetter, 2004)

dass der Blick für den Mitarbeiter und seine zentralen Tätigkeitsanforderungen verloren geht und die Messung vermeintlich wesentlicher Anforderungen mit den tatsächlichen Arbeitsanforderungen nicht deckungsgleich ist – oder schlimmer noch: Die erfolgreiche Bewältigung der zentralen Aufgaben wird erschwert.

Ein Beispiel aus der Unternehmenspraxis für die Einbindung des Mitarbeitergesprächs in einen solchen Performance Management Prozess zeigt Abbildung 18. Durch das Performance Management soll Klarheit über die Ziele, Strategien und Anforderungen entstehen. Zugleich soll es die Befähigung von Organisation und Mitarbeitern zur Aufgabenerfüllung durch die Durchführung von Trainings- und Entwicklungsmaßnahmen sicherzustellen. In diesem Zusammenhang wird das Mitarbeitergespräch neben Coaching, 360°-Feedback und Zielvereinbarungen als Führungsinstrument gesehen, das dem Vorgesetzten ermöglicht, den Mitarbeiter zur Erfüllung seiner individuellen Ziele anzuleiten und zu unterstützen. Anerkennung soll zudem die Leistungsmotivation der Mitarbeiter stützen und ihr Commitment gegenüber dem Unternehmen und ihrer Arbeitsaufgabe erhöhen.

Auf die Schwierigkeiten von Performance Management verweist auch folgendes Zitat des Newsletters von MWonline Nr. 430 vom 22. 8. 2006 zur Problematik von Kompetenzmodellen: „Mal angenommen, es gelingt, die vielfältigen Kompetenzen von Menschen in Kompetenzdatenbanken zu sammeln. Weiterhin angenommen, es gelingt sogar, diese aktuell zu hal-

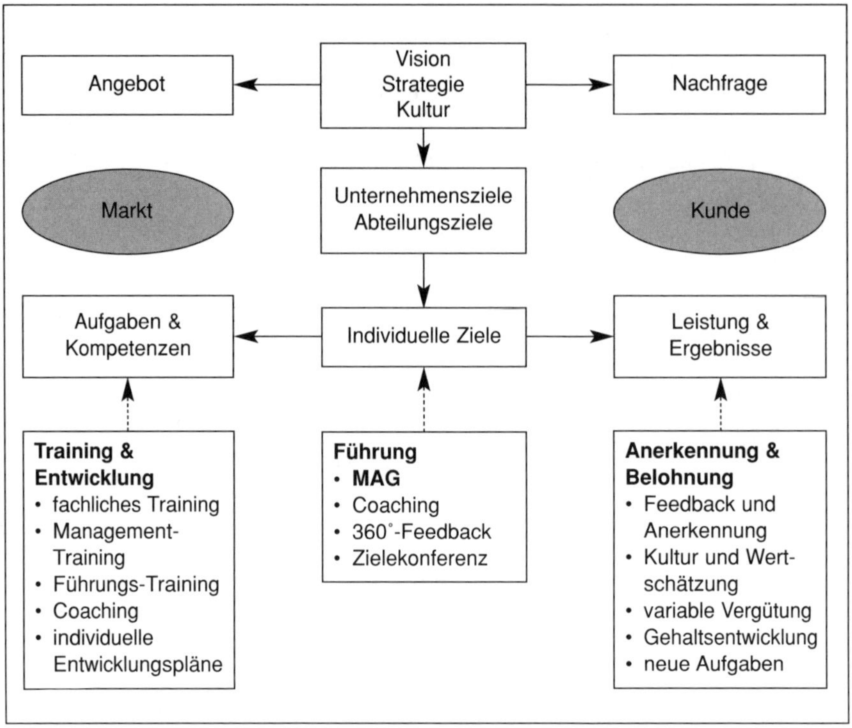

Abbildung 18:
Das Mitarbeitergespräch im Kontext von Performance Management
(nach Heaton, 1998)

ten. Und angenommen, es gibt intelligente Systeme, die Stellenprofile tatsächlich mit den Profilen der Kandidaten abgleichen. Und schließlich angenommen, eine Organisation hat so lange Bestand, dass diese Kandidaten zu dem entscheidenden Zeitpunkt auch noch im Unternehmen sind – funktioniert dann Kompetenzmanagement? Wir sind skeptisch und fragen uns, ob sich diese Investitionen jemals lohnen werden."

Performance Management Online: Die Lösung aller Probleme?

Verschiedene Softwarehersteller sind seit einiger Zeit dabei, einen Traum oder auch Albtraum einiger Vertreter des Personalwesens nicht nur anzukündigen sondern sogar schrittweise zu realisieren: Die Lösungen von SAP, HR-Soft, People Soft, Oracle oder anderen Häusern versprechen eine Online-Lösung für Performance Management. Wie sieht das (etwas pointiert) konkret aus?

Das MAG führen, ohne dem Mitarbeiter Auge in Auge gegenüber zu sitzen, scheint möglich. So können Sie als Vorgesetzter seine Vorschläge, Selbsteinschätzungen zur Zielerreichung, Personalentwicklungswünsche u. a. via geschriebenen Text einsehen und Ihre Kommentierung dazu abgeben. Das Personalwesen kann daraus seine Maßnahmen ableiten, Fortbildungen online anbieten, Boni berechnen, Gehaltssteigerungen ableiten, Personalplanungen mit den Wünschen des Mitarbeiters abgleichen, und so weiter und so fort.

Vorausgesetzt, alle linearen Programmierungen stimmen, entbindet ein solches System das Personalwesen von fast allen bisherigen Aufgaben (und das bisschen Rekrutierung kann man vielleicht outsourcen und per Monster.com erledigen lassen). A perfect world! Gott sei Dank führen menschliche Lebewesen allzu perfekte Systeme schnell ad absurdum (fraglich ist lediglich, ob daraus die entsprechenden Konsequenzen gezogen werden). Allerdings werden die Personaler dank der horrenden Implementierungskosten und Aufwendungen für Softwareanpassungen noch immer etwas zu tun haben (wenngleich nicht in der ursprünglichen Personalstärke).

Um nicht falsch verstanden zu werden: Derartige Systeme bieten gewaltige Möglichkeiten, für das Personalwesen fast in ähnlichem Umfange wie Customer Relationship Management (CRM)-Software für Marketing und Vertrieb. Doch wie in diesem Falle ist durch die Anschaffung der Software an sich noch nichts gewonnen. Die dahinter liegende Philosophie von Performance-management muss mit der des Unternehmens kompatibel sein. Und hier beginnt in den meisten Fällen die Kärrnerarbeit. Häufig ist die Performance-Management-Philosophie nicht oder nur partiell definiert. Hier tut sich ein Defizit auch in der entsprechenden Forschung auf. Verfolgt man die aktuellen Publikationen, so fällt auf, dass unter Performance Management zwei Fraktionen segeln:

Die erstere führt die Logik an: Performance Management = Performance Measurement = Value Management = EVA (Economic Value Added) mit oder ohne Balanced-Scorecard-Modell. Die zweite Fraktion definiert Performance Management erheblich schmaler: Performance Management = MAG mit Zielvereinbarung + variable resultatabhängige Vergütung.

Deutlich wird hieran, dass Unternehmen für sich selbst beantworten müssen, was auf Unternehmensebene und individueller Ebene Leistung bedeutet und wie Leistung anerkannt werden soll. Erst wenn hierauf schlüssige Antworten vorliegen, kann man sich mit der Synchronisierung und Integration existenter und neuer Methoden bzw. Tools auseinandersetzen.

4.5 Probleme bei der Durchführung

In diesem Abschnitt werden Probleme bei der Implementierung und Durchführung von Mitarbeitergesprächen vorgestellt und es werden Vorschläge und Lösungsansätze für deren Überwindung gegeben. Für eine erste Bestandsaufnahme wie professionell Mitarbeitergespräche derzeit durchgeführt werden, sollte sich jedes Unternehmen zunächst das eigene Mitarbeitergespräch vor Augen führen. Folgende Aufstellung wird modifiziert nach Fauser (2005) wiedergegeben, der eine Reihe von Fragen nennt, die jede Führungskraft auf einer sechs-stufigen Skala zwischen „nie" und „immer" für sich bewerten sollte:

Checkliste zur Selbstprüfung der Führungskraft beim MAG
– Ich stimme den Termin mindestens zwei Wochen im Voraus mit den Mitarbeitern ab. – Ich bereite mich sorgfältig auf alle Mitarbeitergespräche vor. – Ich bemühe mich um einen guten Gesprächseinstieg. – Ich achte auf konkrete und konstruktive Rückmeldungen. – Ich prüfe gemeinsam mit dem Mitarbeiter, ob er ggf. über- oder unterfordert ist. – Ich achte darauf, dass Ziele in Mitarbeitergesprächen positiv formuliert sind. – Ich begegne meinem Gesprächspartner mit Wertschätzung – auch wenn ich in der Sache eine andere Auffassung habe als er. – Ich bereite Mitarbeitergespräche sorgfältig nach. – Für Mitarbeitergespräche nehme ich mir ausreichend Zeit. – Ich versuche, Mitarbeitergespräche immer positiv abzuschließen. – Ich achte darauf, dass ich gute Leistungen herausstelle. – Ich berücksichtige Fördergesichtspunkte im Mitarbeitergespräch. – Ich achte auf die Formulierung konkreter und aussagekräftiger Ziele. – Ich höre meinem Gesprächspartner aufmerksam zu. – Bei langfristigen Zielvereinbarungen arbeite ich mit Zwischenergebnissen und Zwischenkontrollen. – Wichtige Gesprächsergebnisse halten wir schriftlich fest. – Ich achte bei Kritik auf konkrete Aussagen und Beispiele. – Ich überprüfe im Gespräch Möglichkeiten von Job Enrichment und Job Enlargement. – Ich achte auf Zielwidersprüche. – Ich achte auf eine offene und zugewandte Körpersprache. – Bei Nichterreichung von gesetzten Zielen hinterfrage ich Ziel und Rahmenbedingungen kritisch. – Im Mitarbeitergespräch thematisiere ich positive und negative Arbeitsleistungen sowie die wechselseitige Zusammenarbeit.

- Im Gespräch trenne ich Beratungs- und Auswertungsphase.
- Ich kritisiere spezifische Sachverhalte, nicht die Person in Gänze.
- Ich orientiere mich an Anforderungsprofilen.
- Ich achte darauf, überprüfbare Ziele zu definieren.
- Ich versuche auch mit schwierigen Gesprächspartnern positiv umzugehen.
- Werden Ziele verfehlt, überlege ich mit dem Mitarbeiter gemeinsam, warum die Ziele nicht erreicht wurden.

Wie bereits an den Fragen deutlich wird, lassen sich die Ursachen für ein misslungenes Mitarbeitgespräch verschiedenen Kategorien zuordnen. Wunderer (2007) nennt folgende Problemfelder des Mitarbeitergesprächs: Erstens die Qualifikation der Gesprächsteilnehmer (z. B. defizitäre Dialogfähigkeit), zweitens die Motivation zum Gespräch (z. B. mangelnde Kommunikationsbereitschaft) und drittens die Gesprächssituation (z. B. nicht ausreichende Vorbereitung). Vor allem auf verfehlte Kommunikation, Wahrnehmungs- und Beurteilungsfehler, den Umgang mit Ängsten und Befürchtungen sowie organisatorische Probleme wird im Weiteren eingegangen.

4.5.1 Misslungene Kommunikation/ Kommunikationsstörungen

Fehlt es in Gesprächen an Offenheit und Klarheit, oder versucht ein Gesprächspartner ein bestimmtes Ziel über Druck zu erreichen, so misslingt die Kommunikation häufig. Dieses Risiko wird maximiert, wenn der „Zahlendruck", wie in fast allen Organisationen üblich, immer stärker Platz greift. Die Gefahr misslungener Kommunikation besteht vor allem, wenn ein Gesprächspartner eine strategische und manipulative Form der Gesprächsführung wählt oder wenn ein oder beide Gesprächspartner starke Abwehrmechanismen zeigen (vgl. Kießling-Sonntag, 2000). Abwehrmechanismen findet man vor allem dann, wenn großer Ärger, eine Frustration oder aber eine Kränkung einen Gesprächspartner beeinflussen. Fechtner und Taubert (1995) geben einen Überblick über Grundmuster von Einstellungen und Verhaltensweisen, die Kommunikationsprobleme hervorrufen:

- Angst vor der Gesprächs- oder Kontaktsituation
- Fehlende Akzeptanz des Gesprächspartners und Hineindenken in seine Situation
- Fehlende Kontaktbereitschaft und „Sich-Einlassen" auf den Partner
- Fehlende Konfliktbereitschaft und -toleranz
- Fehlende Verantwortungsbereitschaft und mangelhafte konstruktive Einstellung zum Gespräch
- Unzulängliches Zuhören, Ungeduld
- Fehlende Souveränität bzw. Selbstsicherheit

Neben die genannten Kommunikationsstörungen tritt in der Realität eine Reihe von Kommunikationsproblemen, die durch eine Vermischung der unterschiedlichen, in Kapitel 2.1.1 vorgestellten Kommunikationsebenen auf Sender- oder Empfängerseite entstehen können. In Tabelle 10 sind mehrere Ursachen, die die Entstehung von Kommunikationsproblemen durch den Sender bedingen können, aufgeführt.

Tabelle 10:
Ursachen für die Entstehung von Kommunikationsproblemen durch den Sender (in Anlehnung an Schulz v. Thun, 1998; s. a. Fiege et al., 2006)

Ursachen für Kommunikationsprobleme

	Sender
Tatsache (Sachebene)	– Missbrauch von Informationen als Herrschaftswissen – Mangelnde Sachlichkeit – Mangelnde Verständlichkeit
Kontakt/Klima (Beziehungsebene)	– Herabsetzung – Bevormundung – Versuch, inhaltliche Probleme auf der Beziehungsebene zu lösen – Diskrepanzen bei der Interpunktion (eigenes Verhalten wird nur als Reaktion auf Verhalten des anderen gesehen) – durch selektive Aufmerksamkeit selbstbestätigend
Ausdruck	– Imponiertechniken (häufig auch nonverbal) – Fassadenhaftigkeit (Nutzung von „man"- oder „es"-Botschaften)
Lenkung	– Vermeidung offener Appelle – Verwendung doppeldeutiger Appelle

Neben dem Sender können aber auch vom Empfänger – der ja in der Regel auch zum Sender wird – Kommunikationsprobleme hervorgerufen werden. So hat der Empfänger grundsätzlich die Wahl, auf welche Seite der empfangenen Nachricht er reagiert. Hierbei kann vor allem die stetige Wahl einer Ebene für die Interpretation einer Botschaft zu erheblichen Konflikten führen. Eine solche Tendenz kann zudem durch komplexitätsreduzierende Prozesse wie selektive Wahrnehmung, subjektive Interpretation und Tendenzen zur schnellen Reaktion noch gestützt und damit in ihrer Problematik verschärft werden.

Die mangelnde Bereitschaft oder Fähigkeit, dem Gesprächspartner zuzuhören, stellt ebenso eine häufige Ursache für Schwierigkeiten dar (s. Kap. 2.1.2, vgl. auch Karte „Anregungen für das MAG"). Genauso können Probleme entstehen, wenn ein Mitarbeiter über selektive Informationsweitergabe versucht, die eigene Position zu sichern bzw. zu rechtfertigen. Feedback-Probleme treten dann auf, wenn ein Empfänger einer Nachricht gleichzeitig auch zum Sender wird und hierbei Sinneswahrnehmungen, Interpretationen und Gefühle nicht voneinander trennt. Vorgesetzte können den Mitarbeiter durch die Verwendung von „Sie-Botschaften" in die Enge treiben („Auf Sie konnte ich mich ja noch nie verlassen!"). Gleiches passiert bei globalen Abrechnungen und der fast ausschließlichen Betonung negativer Aspekte. Wird der festgelegte Rahmen einer Kommunikation im Problemfall nicht metakommunikativ durchbrochen, werden zudem Lösungsversuche häufig selbst zum Problem.

4.5.2 Wahrnehmungs- und Beurteilungsfehler im Gespräch

Wahrnehmungs- und Beurteilungsfehler im Gespräch äußern sich in verschiedenen Tendenzen, die u. a. bei Bewertungen oder Feedback zum Ausdruck kommen können. Die „Tendenz zur Mitte" beschreibt beispielsweise das Verhalten, wenn Vorgesetzte extreme Urteile scheuen und stattdessen bei der Bewertung der Zielerreichung oder des Verhaltens der Mitarbeiter ihre Wahrnehmung relativieren und mittlere Einschätzungen bevorzugen, so dass letztlich eine sinnvolle Differenzierung zwischen den Mitarbeitern kaum noch möglich ist. Weitere Tendenzen sind die „Tendenz zur Milde" häufig durch „inkongruente Loyalitätswünsche gegenüber dem Mitarbeiter" bedingt oder die „Tendenz zur Strenge" (s. Busmann, 2003). Auch ein sog. „Hierarchie-Effekt" kann in Unternehmen beobachtet werden. Dieser beschreibt das Phänomen, dass Mitarbeiter, die in der Unternehmenshierarchie höher gestellt sind, generell besser beurteilt werden (vgl. Kratz, 2001).

Der Halo-Effekt bezeichnet die Überstrahlung eines Leistungsaspektes, Persönlichkeitsmerkmals oder aber Gesamteindrucks auf die Bewertung aller anderen Leistungsaspekte. Borg (2003) fand in einer Studie einen affektiven Halo-Effekt bei Zufriedenheitsurteilen von Mitarbeitern. Anlass für die Studie war die Beobachtung, dass die Gesamturteile zur Zufriedenheit häufig systematisch positiver ausfallen als die Summe der einzelnen Teilurteile. Er konnte zeigen, dass sich Zufriedenheitsurteile für bestimmte Aspekte der Arbeit, somit auch das Mitarbeitergespräch, sich als Kompromiss zwischen einzelnen Einstellungen zu speziellen Unteraspekten und der allgemeinen Arbeitszufriedenheit ergeben, wobei die allgemeine Arbeitszufriedenheit die einzelnen Urteile überstrahlte. Auch häufiger Kontakt zu einer Person kann die Bewertung dieser positiv beeinflussen („Kontakt-Effekt", vgl. Becker & Engländer, 2000).

4.5.3 Umgang mit Ängsten und Befürchtungen

Entscheidend: Die Beziehung zum direkten Vorgesetzten

Ängste und Befürchtungen vor dem Mitarbeitergespräch hängen häufig mit der persönlichen Chemie oder dem Klima zwischen Mitarbeiter und Führungskraft zusammen. Die Beziehung zwischen dem Vorgesetzten und seinen Mitarbeitern ist entscheidend für die Zufriedenheit der Mitarbeiter und das Arbeitsklima in dem jeweiligen Bereich (vgl. Buckingham & Coffman, 2005) und wirkt sich auch direkt auf das Mitarbeitergespräch aus. Ein wichtiger Aspekt der Beziehung zwischen Vorgesetzten und Mitarbeitern ist das Vertrauen. Der viel rezipierte Management-Autor Sprenger (2002) sieht in ihm sogar die Essenz kompetenter Führung und somit folglich eine Garantie für den anhaltenden Erfolg eines Unternehmens (s. auch Hakelmacher, 1996).

Vertrauen wird von Seiten der Forschung sehr heterogen definiert. In einem Vergleich von 65 verschiedenen Definitionen fanden McKnight und Chervany (2000) vier grundlegende Dimensionen der Erwartung von Vertrauen: Kompetenz, Wohlwollen, Integrität und Vorhersagbarkeit (s. Abbildung 19). Vertrauen hat einen positiven Einfluss auf Kooperation und Teamwork, es erhöht altruistisches Verhalten und fördert den freien Informationstausch von unten nach oben (vgl. George & Jones, 1998; Kühlmann, 1984). Damit erhöht Vertrauen über die Senkung von Transaktionskosten die Effektivität von Organisationen (vgl. Cummings & Bromiley, 1996).

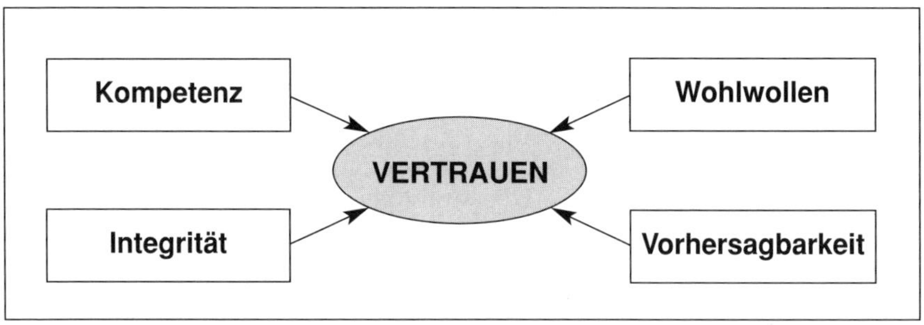

Abbildung 19:
Zentrale Elemente des Vertrauens nach McKnight und Chervany (2000)

Vertrauen von herausragender Bedeutung

Mangelndes Vertrauen führt häufig dazu, dass das Mitarbeitergespräch als reine Pflichtübung für die Personalakte oder als untauglicher Manipulationsversuch angesehen wird (vgl. Kühlmann, 1984). Für das Mitarbeitergespräch ist es somit von herausragender Bedeutung, Vertrauen zwischen dem Vorgesetzten und den Mitarbeitern zu etablieren bzw. auszubauen. Eine Erhöhung von Aspekten des Vertrauens durch den Einsatz von Mitarbeitergesprächen konnte bereits in mehreren Studien nachgewiesen werden (z. B. Bechinie, 1992; Leonhardt, 1991). Dieser Prozess verläuft allerdings langfristig und ist sehr anfällig für Störungen, da Vertrauen sehr viel schneller beeinträchtigt bzw. zerstört ist, als es aufgebaut werden kann (vgl. Alberternst, 2003).

4.5.4 *Organisatorische Probleme*

Die meisten vordergründig organisatorischen Probleme lassen sich auf die Person bzw. das Verhalten der Führungskraft zurückführen. So sind beispielsweise eine schlechte Vorbereitung und zu wenig Zeit für das Gespräch immer auch auf den Einsatz und die Einstellung des Vorgesetzten zum Mitarbeitergespräch zurückzuführen.

Zudem können aber auch durch die Ausrichtung des Gesprächs und seine Inhalte Widersprüche entstehen. So findet man mittlerweile zumeist eine starke Ausrichtung der Mitarbeitergespräche an den Zielvereinbarungen und der Überprüfung des Zielerreichungsgrades, der häufig eng mit dem Gehaltssystem der Unternehmen verwoben ist. Hierdurch werden allerdings eine offene Thematisierung der wechselseitigen Zusammenarbeit und die Ermutigung zur Rückmeldung an den Vorgesetzten (vgl. Definition in Kap. 1.2) erschwert, da sich die meisten Mitarbeiter nicht mehr trauen, Kritisches anzusprechen. Um dieses Problem zu überwinden, ist es durchaus sinnvoll, das Zielerreichungsgespräch vom klassischen Mitarbeitergespräch abzukoppeln.

4.6 Trainingskonzepte zum Mitarbeitergespräch

Nachfolgend werden einige Trainingskonzepte vorgestellt, mit denen Vorgesetzte erstmalig an das MAG herangeführt werden können. Wichtig ist dabei auch eine Überlegung, wie sie etwa Kienbaum (2003) ausführte, dass jede Führungskraft die Fähigkeit zum erfolgreichen Führen des Mitarbeitergesprächs auch bei sich selbst hinterfragen sollte. Dabei sei es kein Zeichen von Schwäche, externe oder interne Berater um Hilfe zu bitten. Dies signalisiert im Gegenteil die Bedeutung des Themas und zeigt die Fähigkeit zur Selbstreflexion. – Erwähnenswert ist und bleibt aber auch die Erfahrung, dass in den meisten Unternehmen lediglich die Führungskräfte ein ausführliches Training zum Mitarbeitergespräch erhalten, die Mitarbeiter ohne Führungsverantwortung sich meist mit eintägigen Infoveranstaltungen, Computer Based Trainings oder anderen Selbstlernmaterialien sowie Broschüren begnügen müssen (vgl. Bittner, 2005). Oft wird von dieser Zielgruppe dann der Besuch des Vorgesetzten beim Seminar nicht in o. a. Sinne der Selbstreflexion verstanden, sondern befürchtet, der Vorgesetzte erlerne „Herrschaftswissen" und „Psychotricks". Der offenen Kommunikation, was im Training passiert oder nicht passiert, kommt somit eine Schlüsselrolle zu.

- *En-bloc-Training*

  Das En-bloc-Training ist die klassische Form des Mitarbeitergesprächstrainings. Sinnvoll ist meist nur eine mehrtägige Schulung, für die im Schnitt zwei bis drei Tage angesetzt werden. Dabei sollten Wissensvermittlung und praktische Übungen mit Videofeedback im ausgewogenen Verhältnis zueinander stehen. Eine Obergrenze für die Teilnehmerzahl bei diesem Typ sollte bei etwa 12 Personen liegen. Ein Nachteil dieser Trainingsform besteht allerdings darin, dass im Seminar häufig lediglich Erfahrungen mit dem Instrument MAG ausgewertet werden können, die aus dem Videotraining selbst stammen.

- *Intervalltraining*

  In Erweiterung des En-bloc-Trainings bietet sich das Intervalltraining an, bei dem in einem zeitlichen Abstand von z. B. drei bis sechs Monaten ein bis zwei zusätzliche Trainingstage absolviert werden, die auf die Auswertung der konkreten Erfahrungen mit dem Mitarbeitergespräch im Führungsalltag fokussieren. Im Zentrum sollte der offene Erfahrungsaustausch zu den getroffenen Vereinbarungen und die Diskussion über kritische Erfahrungen im MAG stehen. Wobei fiel es dem Vorgesetzten z. B. schwer, offen Kritik zu äußern oder anzunehmen? Wo gelang es nicht, den Mitarbeiter zum offenen Dialog zu bewegen? An welcher Stelle bleiben Vorbehalte gegenüber dem MAG bestehen? In welcher Form haben sich Erwartungen an das Mitarbeitergespräch erfüllt oder auch nicht?

- *E-learning*

  E-learning war bis vor kurzer Zeit das „buzzword“; allerdings sind seine Möglichkeiten und seine Wirksamkeit zum konkreten Verhaltenstraining – bei aller Interaktivität des Mediums – stark eingeschränkt. Nicht zuletzt deshalb, aber auch wegen der Kosten der Programmierung, kehren die Unternehmen verstärkt zum Verhaltenstraining zurück oder zum sog. „blended learning“. Hierunter versteht man die Kombination klassischen Trainings mit e-learning-Komponenten zur Vor- und Nachbereitung der kognitiven Wissenselemente.

Exkurs: Die Auswahl externer Trainer

Da viele Unternehmen auf die Zusammenarbeit mit externen Trainern für die Schulung zum Mitarbeitergespräch zurückgreifen, werden im Folgenden einige zentrale Hinweise gegeben, die bei der Auswahl helfen können.

Da es in Deutschland bisher keine einheitliche Ausbildung für Managementtrainer etabliert werden konnte, sich die meisten Trainer aber für kompetent für Schulungen zum Mitarbeitergespräch halten, stehen Unternehmen vor der Auswahl aus einer großen, heterogenen Gruppe. Häufig binden sich Unternehmen langfristig an einen Trainer oder ein Institut. Dies erleichtert ihnen die Qualitätsbeurteilung und bietet den Trainern zugleich die Möglichkeit, die Unternehmensphilosophie und Eigenheiten näher kennenzulernen und in ihre Trainings mit einfließen zu lassen.

Befindet sich ein Unternehmen auf der Suche nach einem neuen Trainer, so kann es sich beim Vorgehen an folgenden Punkten orientieren (vgl. auch Kießling-Sonntag, 2000):

1. Treffen einer Vorauswahl von Trainern und Trainingsinstituten, die in der engeren Wahl sind.

   Für die Vorauswahl können eine Reihe von unterschiedlichen Kriterien in Betracht gezogen werden. Diese reichen von der Empfehlung und Einholung von Referenzen eines Trainers bis hin zur Berücksichtigung von Kostengesichtspunkten.

2. Einholung von Informationsmaterial und einem Vorabangebot der ausgewählten Anbieter.

   Für ein Vorabangebot ist es nicht nur wichtig, dass das Trainingsinstitut Daten preisgibt, von gleicher Bedeutung ist es hier, dass das Unternehmen dem potenziellen Trainer Informationen über das Unternehmen und das geplante Projekt zukommen lässt, sofern diese bereits vorhanden sind.

3. Prüfung der eingehenden Angebote und Materialien.

   Hierbei sollte vor allem auf die Angaben zur Vorgehensweise und Zielsetzung der geplanten Maßnahme, die Leistungsbestandteile und Trainingsinhalte, die eingesetzten Methoden und die Aussagen zu Konditionen und Rahmenbedingungen geachtet werden. Manche Institute legen auch eine Referenzliste und bereits die Profile der vorgesehenen Trainer vor.

4. Durchführung von Gesprächen mit den in Frage kommenden Anbietern.

   Grundsätzlich sollte das erste Gespräch kostenlos sein. Gegenüber den schriftlichen Angeboten bietet es die Möglichkeit, die Persönlichkeit des Beraters und ggf. auch schon die Passung festzustellen. Gute Berater zeichnen sich unter anderem dadurch aus, dass sie sich über die Lage und die Vorstellungen des Unternehmens umfassend informieren.

Nicht zu verkennen ist schließlich, dass sich ein gutes und demnach erfolgreiches Training immer an die Köpfe bestimmter Personen knüpft, also nicht die Professionalität des Angebots entscheidend ist, sondern die der handelnden Personen. Besonders gefragte Berater treffen vielfach nur mündliche Vereinbarungen, da sie über einen einschlägigen Ruf und ebensolche Kompetenzen verfügen. Exakt abzuklären ist auch, ob der eloquent kompetente Berater aus der Akquisitionspräsentation auch derjenige ist, der das Training in persona durchführt.

Übliche Elemente von Trainingsveranstaltungen zum Thema MAG sind Feedbackregeln und -instrumente wie das 360°-Feedback und Mitarbeiterbeurteilungen, Instrumente für Ziel- und Leistungsvereinbarungen, generelle Regeln und Tipps zur Kommunikation, Aufbau und Vorbereitung des MAG, Gesprächseröffnung und Gesprächsführung sowie Übungen zu verschiedenen Gesprächssituationen.

5 Fallbeispiel aus der Unternehmenspraxis

5.1 Die Entwicklung des Mitarbeitergesprächs bei einem international tätigen Pharmaunternehmen

5.1.1 Erste Anfänge und Erfolge

Jahrzehntelange Praxis

Bei dem o. g. Unternehmen hat das Mitarbeitergespräch eine Entwicklungsgeschichte von mehr als 25 Jahren (vgl. hierzu und folgend Boehringer Ingelheim, 1997, 2003). So führten die beiden deutschen Tochterunternehmen bereits gegen Ende der 70er Jahre das Mitarbeitergespräch als Dialog über Arbeit und Zusammenarbeit ein. Zum damaligen Zeitpunkt kontrastierten viele Personalabteilungen das Mitarbeitergespräch zu formalisierten Zielvereinbarungs- und Beurteilungsverfahren. Als Hauptschwäche dieser Instrumente wurde die einseitige Fokussierung auf Leistungen und Ziele angesehen. Durch diese einseitige Fokussierung wurde außer Acht gelassen, dass gerade die Qualität der Zusammenarbeit gravierende Auswirkungen auf die Arbeitsergebnisse hat.

Die erste Version des Mitarbeitergesprächs Ende der 70er Jahre beleuchtete bereits sämtliche auch heute noch unverändert relevanten Aspekte wie Zielvereinbarung und Beurteilung, Qualität der Zusammenarbeit und Personalentwicklungsmaßnahmen. Als mutmaßlich größte potenzielle Schwierigkeit auf Seiten der Vorgesetzten vermutete man, kritische Aspekte der Zusammenarbeit überhaupt thematisieren zu können bzw. zu wollen, Emotionen angemessen artikulieren bzw. aufzunehmen zu können sowie konstruktiv mit Feedback umzugehen.

Folgerichtig lassen sich die damaligen ersten Mitarbeitergesprächstrainings eher als allgemeine Gesprächstrainings charakterisieren. Die bis heute im Wesentlichen gültige Ablaufgliederung findet sich im folgenden Kasten (vgl. dazu und zu den folgenden Lernzielen des Mitarbeitergesprächstrainings Leonhardt & Riegsinger, 1986). In manchen Einladungen und Einleitungen zu Seminarveranstaltungen wurden diese Veranstaltungen pointiert als „Zuhörtrainings“ beschrieben; in der Tat war „Zuhören anstatt selbst zu reden und sofort zu reagieren" eine wichtige Lernerfahrung für zahlreiche Teilnehmer. Ein Kernsatz lautete: „Das Mitarbeitergespräch heißt so, weil in ihm der Mitarbeiter den größten Redeanteil haben sollte!"

Ablauf des Trainings zum Mitarbeitergespräch
1. Das Mitarbeitergespräch als Bestandteil erfolgreicher Führung
2. Kommunikation im Mitarbeitergespräch
3. Effiziente Kommunikation Phase I: Ich höre meinem Mitarbeiter einfühlend zu Phase II: Ich sage meinem Mitarbeiter authentisch, wie ich ihn sehe Phase III: Ich kommuniziere zielorientiert
4. Feedback geben und nehmen Was bringt mir Feedback? Die „3W"-Feedback-Regel (Wahrnehmung, Wirkung, Wunsch) Wie nehme ich „Feedback" Anderer an?
5. Motivation und Mitarbeitergespräch
6. Der Ablauf des Mitarbeitergesprächs Überblick Phasen des Mitarbeitergesprächs
7. Ziele setzen und vereinbaren Zielvereinbarungen ohne VPR-Bezug Zielvereinbarungen mit VPR-Bezug Der Grad der Zielerreichung

Bei der damaligen Einführung nutzte man eher eine Multiple-Nucleus-Strategie (vgl. Kap. 3.2.2), d. h. man arbeitete zuerst mit wenigen, stark an der Verbesserung des Mitarbeiterdialogs interessierten Personen bzw. Gruppen auf allen Ebenen der Organisation. Eine klassische Top-down-Implementierungsstrategie wurde auf diese Weise nicht umgesetzt.

In der Organisation fest verankert

Ab Mitte/Ende der 80er Jahre war das Mitarbeitergesprächstraining in der Organisation flächendeckend verankert und ein fester Bestandteil des Curriculums für alle (neuen) Führungskräfte. Gleichzeitig belegten viele Gespräche sowie die Ergebnisse einer internen Evaluierungsstudie, dass aufgrund der starken Betonung der Gesprächsführungskomponente im Training andere wichtige Facetten vernachlässigt wurden. Das Mitarbeitergespräch fokussierte offensichtlich bis dato zu stark auf Aspekte der Qualität der Zusammenarbeit und des Feedbacks. Die Qualität der getroffenen Zielvereinbarungen kam demgegenüber oftmals zu kurz. Einige Mitarbeiter sprachen offen an, dass sie auf das ihnen zustehende Mitarbeitergespräch lieber verzichten wollten, da sie eine zwanghafte Überbetonung der Beziehungsebene befürchteten oder bereits erlebt hatten („Ich kann das Psychogelabere nicht mehr hören.“). Gleich gerichtet argumentierten Vorgesetzte, die offensichtlich aus ähnlichen Gründen beziehungsorientierten, emotionalen Gesprächsaspekten ausweichen und diese unterdrücken wollten.

5.1.2 Refokussierung des Mitarbeitergesprächs

In den 1990er Jahren wurde – mit verursacht durch strukturelle Veränderungen im Unternehmen – das Gleichgewicht der unterschiedlichen Ziel-Ebenen im Mitarbeitergespräch in einer neuen Broschüre betont und das Training erneut adjustiert. Das Unternehmen ging noch einen Schritt weiter: Um die Qualität der Zielvereinbarungen zu steigern, wurden – zusätzlich zum überarbeiteten Mitarbeitergesprächstraining – separate Zielvereinbarungstrainings implementiert. In den Mitarbeitergesprächstrainings wurde der Zielvereinbarungsprozess ebenfalls – allerdings auf einer kognitiven Ebene – eingeübt. Das stärker praxisorientierte Zielvereinbarungstraining fand zuerst mit gemischten Gruppen anhand fiktiver Beispiele statt. Schnell stellte sich heraus, dass Zielvereinbarungsworkshops in realen Arbeitseinheiten ein wesentlich sinnvolleres Mittel zur gelungenen Umsetzung darstellten. Die Zielkaskadierung konnte somit am konkreten Zielsystem der Gruppe oder Abteilung geübt werden (abgeleitet aus der Strategie/Teilstrategie). Zum Teil wurden konkrete Ziele im Training als Zielvereinbarung(sentwürfe) für ausgewählte Personen oder Teams festgehalten.

Implementierung von Zielvereinbarungen

Lernziele des Mitarbeitergesprächstrainings (Auszug)
– Die Teilnehmer haben ein gemeinsames und gleiches Verständnis vom Sinn, von der Bedeutung und von der Art der Durchführung des Mitarbeitergesprächs. – Die Teilnehmer kennen die Problematik der Urteilsbildung und sind sich der Wirkung ihres Urteils auf ihre Mitarbeiter bewusst. – Die Teilnehmer kennen die Schwierigkeiten, aber auch die Möglichkeiten der „nondirektiven Gesprächsführung“. Sie sind sich über den Wert gezielten Zuhörens und Fragens im Klaren, und sie gewinnen etwas mehr Sicherheit für die Führung der Mitarbeitergespräche. – Die Teilnehmer haben gemeinsam einen Leitfaden für das Mitarbeitergespräch. – Die Teilnehmer haben im Video-Training ihr Gesprächsverhalten im Sinne „nondirektiver Gesprächsführung“ entwickelt.

Die überwiegende Zahl der Führungskräfte griff rasch das refokussierte Mitarbeitergesprächskonzept auf und erlebte dies als hilfreich im Führungsprozess. Je stärker der konkrete Zielvereinbarungsprozess in der Praxis umgesetzt wurde, desto offensichtlicher wurde eine weitere Optimierungsmöglichkeit. Es stellte sich nun die Frage, wie erfolgreich sind Vorgesetzte bei der richtigen Beurteilung des Grades der Zielerreichung?

5.1.3 Verknüpfung mit Elementen variabler Vergütung

Mitte der 1990er Jahre wurde intensiv die Einführung von Elementen variabler Vergütung im Unternehmen diskutiert und auch Top-down für bestimmte Mitarbeitergruppen eingeführt. Durch die Tatsache, dass nunmehr Ziele mit Geld incentiviert waren, wurde eine immense Schärfung der Aufmerksamkeit erreicht, was die Qualität der Zielvereinbarungen betraf. Darüber hinaus trat in den Fokus, was exakt die Kriterien für eine 100 prozentige Zielerreichung sind und wie diese im Mitarbeitergespräch festgehalten werden könne. Die klassischen Anforderungen, Ziele S-M-A-R-T (s. Kap. 4.1.2) zu formulieren, wurden konkreter. Dies wiederum forderte Vorgesetzte und Mitarbeiter im Dialog. Alle Beteiligten beschäftigten sich mit der Frage, wodurch Wertbeiträge im Unternehmen geschaffen werden und wie dies sinnvoll mit Zielen im Mitarbeitergespräch verknüpft werden kann.

Abbildung 20:
Visualisierung erfolgreicher Kommunikation aus einem aktuellen Mitarbeitergesprächstraining

Darüber hinaus stellte sich die Frage, welche Ziele denn überhaupt vereinbart werden sollen und dürfen? Quantitative versus qualitative Ziele, fachliche Ziele, Führungs- und Verhaltensziele oder Entwicklungsziele? Somit wurde im Mitarbeitergesprächstraining die Frage der Zielkaskadierung am konkreten Zielsystem (key issues, key initiatives, key value drivers) und anhand konkreter Messgrößen intensiver behandelt. Mit der Einführung variabler Vergütung wurde nicht nur diese, sondern auch deren Einbettung in das Mitarbeitergespräch im Rahmen einer Betriebsvereinbarung mit dem Betriebsrat des Unternehmens festgehalten. Seitdem ist das Mitarbeitergespräch als Pflicht und Recht des Mitarbeiters wie des Vorgesetzten aus dem Führungsalltag nicht mehr wegzudenken. Vor diesem Hintergrund ist ein hoher beiderseitiger Vorbereitungsgrad auf die Gespräche festzustellen. Im Regelfall sind beide Gesprächspartner auf das Mitarbeitergespräch positiv eingestimmt.

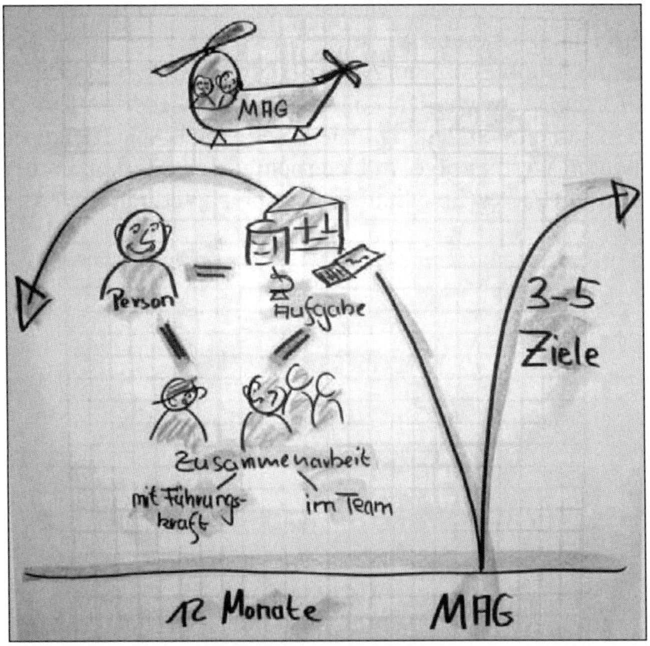

Abbildung 21:
Veranschaulichung der Rolle des MAG im Zielvereinbarungsprozess

5.1.4 Neue Balance verschiedener Gesprächselemente

Das Unternehmen ging davon aus, dass – verursacht durch die Schärfung der Aufmerksamkeit für die vereinbarten Ziele und die adäquate Einschätzung der Zielerreichung – folgender Effekt ausgelöst werden könnte: Aspekte der Qualität der Zusammenarbeit, des Feedback oder der Entwicklungsplanung könnten für den Mitarbeiter in den Hintergrund treten und damit zu kurz kommen. Entsprechend wurde auch das Trainingskonzept abermals den veränderten Notwendigkeiten angepasst und die verschiedenen Mitarbeitergesprächselemente erneut ausbalanciert. In einem aktuellen Skript zum Mitarbeitergesprächstraining findet sich heute wieder das ursprüngliche Statement: „Das Mitarbeitergespräch heißt so, weil in ihm der Mitarbeiter die größte Redezeit haben soll!".

Im Jahre 2008 ist das Mitarbeitergespräch immer noch Bestandteil eines Pflichtcurriculums für Führungskräfte. Es wird in der beschriebenen ausbalancierten Form durch die vier Leitfragen der neuen Unternehmensphilosophie gestützt, die sinngemäß etwa so lauten könnten: Welche Initiativen ergreift der Mitarbeiter? In welchem Umfang besteht eine gemeinsame Ausrichtung? In wiefern entwickelt er sich mit dem Team weiter? Welche Ergebnisse erzielt er?

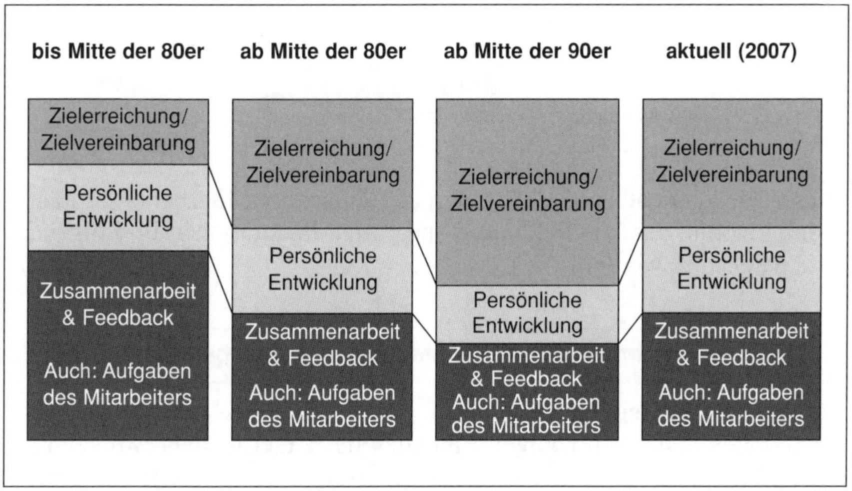

Abbildung 22:
Phasen des Mitarbeitergesprächs

5.1.5 Das heutige Credo zum Mitarbeitergespräch

Das Grundbekenntnis im Unternehmen zum Mitarbeitergespräch lautet heute: „Die Idee des Mitarbeitergesprächs beruht auf der Überzeugung, dass die Aufgaben des Unternehmens nur partnerschaftlich und mit beidseitiger Wertschätzung zu lösen sind. Das Gespräch zwischen Vorgesetztem und Mitarbeiter schafft dazu eine wesentliche Voraussetzung im Interesse einer erfolgreichen, zielorientierten Zusammenarbeit."

Wertschätzung und Zusammenarbeit

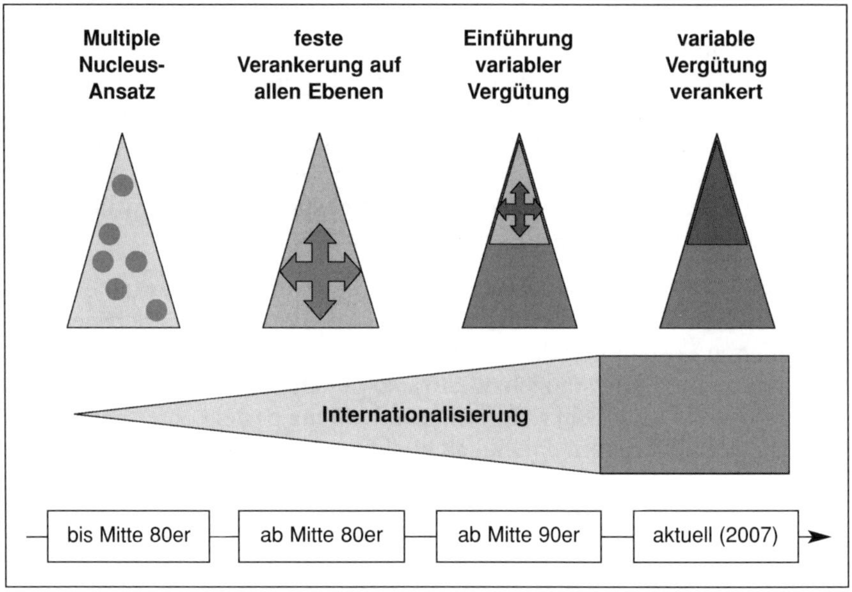

Abbildung 23:
Implementierungsstrategien des Mitarbeitergesprächs

Dieser Satz steht auch den Seminarmaterialien zum Mitarbeitergesprächstraining voran, dessen Gliederung und einige Illustrationen im Folgenden kurz dargestellt werden:

Exkurs: Von der Internationalisierung des Mitarbeitergesprächs

In den 80er Jahren war das Konzept des Mitarbeitergesprächs vornehmlich in den deutschsprachigen Einheiten des Unternehmens implementiert. Einige andere europäische Tochterunternehmen griffen interessiert und erfolgreich den Ansatz auf. Auch in den USA adaptierte man das Konzept. In den 90er Jahren gab es den ersten Ansatz, das Konzept systematisch zu internationalisieren. Es entstanden eine englischsprachige Mitarbeitergesprächsbroschüre und ein Trainingsansatz, auf dessen Basis das Konzept weltweit implementiert werden konnte. Aus dem Mitarbeitergespräch wurde im Firmenverband das internationale „Performance Management Tool" und gleichsam eine Marke („Mitarbeitergespräch" oder „MAG" wird es auch heute weltweit unübersetzt benannt).

Bei der Verbreitung in andere Kulturräume der Organisation (hier wurde eine klassische Top-down-Implementierung, beginnend mit dem Management-Team praktiziert) als dem westeuropäisch-angloamerikanischen wurden allerdings auch die Grenzen des Konzepttransfers sichtbar. Im asiatischen Raum bspw. war vor dem Jahr 2000 zwar zu vermitteln, dass im Unternehmen eine partnerschaftlich und von beidseitiger Wertschätzung geprägte Gesprächskultur einen hohen Wert darstellt, ein offenes Bottom-up-Feedback an den Vorgesetzten schien in manchem kulturellen Kontext jedoch (noch) nicht vorstellbar. Es war allerdings in zahlreichen internationalen Projekten, Austauschen und Personalentwicklungsaktivitäten spürbar, dass auch in Asien jüngere Führungskräfte differenziertere Haltungen und Erwartungen hinsichtlich einer zeitgemäßen Feedbackkultur entwickeln, die dem durch das Mitarbeitergespräch vertretenen Konzept sehr nahe kommen. Inzwischen nehmen jüngere Manager wie auch Mitarbeiter z. B. in Japan das Konzept ohne Akzeptanzschwierigkeiten auf. Das mag daran liegen, dass viele von ihnen schon mit westlichen Managementkonzepten Berührung hatten bzw. diese generell in Asien eine stärkere Verbreitung gefunden haben und teilweise bereits eine westlich-amerikanische Prägung stattfindet. Blickt man auf den angloamerikanischen Raum, so lassen sich auch dort Veränderungen in der Wahrnehmung des „MAG – Employee Dialogue" hin zu einem eher ganzheitlichen Ansatz beobachten; Diskussionen über Zielerreichung und Boni stellen auch hier lediglich einen Teilaspekt des MAG dar.

5.1.6 Ausblick: Die Zukunft des Mitarbeitergesprächs

Welche Trends und Fragestellungen lassen sich derzeit im Unternehmen erkennen? Nach wie vor ist es eine Herausforderung, dass das Mitarbeitergespräch nicht nur ein ein- oder zweimaliges „Event" mit dem Vorgesetzten bleibt, in dem dieser sich von seiner „besten", d. h. trainierten Seite zeigt. Wie die täglichen vier Grundfragen zu „Lead & Learn" (Are we taking the initiative? Are we connected? Are we growing together? Are we getting results?) sollen sich die Grundhaltungen und -themen des Mitarbeitergesprächs auch im Führungsalltag widerspiegeln. Um dies sicherzustellen, sind das Mitarbeitergespräch und das dazugehörige Training stärker im Curriculum für Führungskräfte verankert worden. In den Mitarbeiterführungstrainings, die als mehrstufiges Führungskolleg angelegt sind, werden vielfältige Bezüge zu den Inhalten von Lead & Learn und den Grundhaltungen der zielorientierten Mitarbeiterführung vermittelt.

Verankerung im Curriculum

Bei aller empfundener und erreichter Ausgewogenheit des aktuellen Konzeptes könnte ein Aspekt künftig eine Revitalisierung erfahren, nämlich die Frage nach den gegenseitigen Erwartungen. Zum einen, was neben den fünf bis sieben Jahreszielen des Mitarbeiters dessen Erwartungen an seine

Aufgaben sind? Und umgekehrt: Welche Erwartungen formuliert das Unternehmen – vertreten durch die Führungskraft – an die Qualität der Aufgabenerfüllung und die Bandbreite der im Rahmen der Ausfüllung des Arbeitsplatzes zu bewältigenden Aufgaben? Was ist die Anforderung bzw. das Kriterium, gemäß dem der Mitarbeiter seine regulären Aufgaben zur Zufriedenheit erfüllt? Für die Jahresziele sind diese zwar fixiert worden – wie klar sind die Erwartungen jedoch darüber hinaus? Wie gestalten sich die Leistungen eines Mitarbeiters über die vereinbarten Ziele hinaus, welche Messgrößen liegen dafür vor, wie transparent sind die Maßstäbe des Unternehmens an den jeweiligen Mitarbeiter? Wie deckungsgleich sind die wechselseitigen Anforderungen? Was erwartet der Mitarbeiter im Gegenzug, wenn er „einen guten Job" macht? Wie konkret sind seine Erwartungen zu monetären und nicht-monetären Anreizen und Angeboten in der Organisation? Wie sieht er seine eigenen Entwicklungspläne, was kann

Dialog pflegen

das Unternehmen mittelfristig bieten? Den Dialog über diese Themen zu pflegen und zu intensivieren könnte künftige neue Facetten des Mitarbeitergesprächs im Unternehmen beleuchten.

6 Literaturempfehlungen

Fiege, R., Muck, P. M. & Schuler, H. (2006). Mitarbeitergespräche. In H. Schuler (Hrsg.), *Lehrbuch der Personalpsychologie* (2. Aufl., S. 471–522). Göttingen: Hogrefe.

Neuberger, O. (1996). *Miteinander arbeiten – miteinander reden. Vom Gespräch in unserer Arbeitswelt* (15. Aufl.). München: Bayerisches Staatsministerium für Arbeit und Sozialordnung. Online im Internet: http://www.stmas.bayern.de/arbeit/miteinan.pdf.

Neuberger, O. (2004). *Das Mitarbeitergespräch. Praktische Grundlagen für erfolgreiche Führungsarbeit* (6. Aufl.). Leonberg: Rosenberger.

7 Literatur

Alberternst, C. (2003). *Evaluation von Mitarbeitergesprächen.* Hamburg: Kovac.

Alberternst, C. & Moser, K. (2003). *Effekte von Mitarbeitergesprächen auf die Beziehung zum Vorgesetzten und die Arbeitszufriedenheit.* Unveröffentlichtes Manuskript, Friedrich-Alexander-Universität Erlangen-Nürnberg.

Alberternst, C. (2004). Personalführung durch Mitarbeitergespräche. In R. Wittenberg (Hrsg.), *„Neues aus Wissenschaft & Praxis für Praxis & Wissenschaft". Beiträge zum 4. Nürnberger AbsolventInnentag der Sozialwissenschaften am 4./5. Juli 2003. Berichte 2004-1* (S. 6–13). Online im Internet: www.soziologie.wiso.uni-erlangen.de/publikationen/berichte/b_04-01.pdf.

Andrzejewski, L. (2004). *Trennungskultur: Handbuch für ein professionelles wirtschaftliches und faires Kündigungs-Management* (2. Aufl.). München: Luchterhand.

Antons, K. (2000). *Praxis der Gruppendynamik. Übungen und Techniken* (8. Aufl.). Göttingen: Hogrefe.

Auhagen, A. E. & Bierhoff, H.-W. (2003). (Hrsg.). *Angewandte Sozialpsychologie: Das Praxishandbuch.* Weinheim: Beltz.

Baldegger, R. (2003). *Das Mitarbeitergespräch als Führungs- und Entwicklungsinstrument: Führungsmanual für Anwender*, Bd. 1 (2. Aufl.). Aarau: Baldegger.

Bauer, J. (1996). *Das Mitarbeitergespräch als Instrument der Personalentwicklung – Eine Evaluationsstudie.* Diplomarbeit, Albert-Ludwigs-Iniversität, Freiburg.

Bechinie, E. (1992). Kooperative Mitarbeitergespräche. Ein Erfahrungsbericht zur Einführung und Praxis in einem Dienstleistungsunternehmen. In R. Selbach & K.-K. Pullig (Hrsg.), *Handbuch Mitarbeiterbeurteilung* (S. 489–514). Wiesbaden: Gabler.

Becker, K. & Engländer, W. (2000). Leistungsbeurteilung als eine Methode zur Ermittlung des leistungsbezogenen Entgelts. In K. Becker, G. Bittelmeyer & H. Büge (Hrsg.), *Leistungsbeurteilung und Zielvereinbarung: Erfahrungen aus der Praxis* (2. Aufl., S. 15–40). Köln: Bachem.

Biesalski, E. & Abecker, A. (2006). Wenn wir wüssten, was wir wissen. *Personalwirtschaft, 6,* 42–45.

Birker, G. & Birker, K. (2001). *Teamentwicklung und Konfliktmanagement.* Berlin: Cornelsen.

Bittner, J. E. (2005). *Das Führungsinstrument Mitarbeitergespräch: Eine Studie bei den 500 größten Unternehmen Deutschlands.* Diplomarbeit, Ruhr-Universität Bochum.

Boehringer Ingelheim Pharma GmbH & Co. KG (1997). *A guide to the MAG Mitarbeitergespräch.* Corporate Division Human Resources (3rd ed.).

Boehringer Ingelheim Pharma GmbH & Co. KG (2003). *Das Mitarbeitergespräch.* Abteilung Personal Geschäftsführungsbereiche.

Borg, I. (2003). Affektiver Halo in Mitarbeiterbefragungen. *Zeitschrift für Arbeits- und Organisationspsychologie, 47,* 1–11.

Breisig, T. (o. J.). *Mustervereinbarung zum Mitarbeitergespräch.* Online im Internet: home.nikocity.de/schmengler/hbv/bv/bv_mges1.htm.

Breisig, T. (2005). *Personalbeurteilung – Mitarbeitergespräch – Zielvereinbarungen: Grundlagen, Gestaltungsmöglichkeiten und Umsetzung in Betriebs- und Dienstvereinbarungen* (3. Aufl.). Frankfurt: Bund-Verlag.

Brenner, D. & Brenner, F. (2002). *Beurteilungsgespräche souverän führen.* Köln: Dt. Wirtschaftsdienst.

Buckingham, M. & Coffman, C. (2005). *Erfolgreiche Führung gegen alle Regeln: Wie Sie wertvolle Mitarbeiter gewinnen, halten und fördern* (3. Aufl.). Frankfurt: Campus.

Bundesverwaltungsamt (2002). *Neuer KGSt-Bericht: Das Mitarbeitergespräch in der Praxisbewährung.* Info 1638.

Bundesverwaltungsamt (2004). *Praxistipps: Mitarbeitergespräche führen.* Info 1822.

Busmann, J. (2003). Von der Last zur Lust: Führen durch Mitarbeitergespräche. *Die Kanzlei, 3,* 10–16.

Cohn, R. C. (2000). *Von der Psychoanalyse zur themenzentrierten Interaktion: Von der Behandlung einzelner zu einer Pädagogik für alle* (14. Aufl.). Stuttgart: Klett-Cotta.

Cummings, L. L. & Bromiley, P. (1996). The Organizational Trust Inventory (OTI): Development and Validation. In R. M. Krammer & T. Tyler (Eds.), *Trust in Organizations* (pp. 68–89). Newbury Park: Sage.

Demmer, C. (2002). *Mitarbeitergespräche erfolgreich führen* (3. Aufl.). München: Moderne Industrie.

Doppler, K. & Lauterburg, C. (2005). *Change Management: Den Unternehmenswandel gestalten* (11. Aufl.). Frankfurt: Campus.

Euske, N. A. & Roberts, K. H. (1987). Evolving perspectives in organization theory: Communication implications. In F. M. Jablin, L. L. Putnam, K. H. Roberts & L. W. Porter (Eds.), *Handbook of organizational communication* (pp. 41–69). Newbury Park: Sage.

Fauser, J. (2005). *Arbeitsheft Mitarbeitergespräche*. Offenbach: Gabal.

Fechtner, H. & Taubert, R. (1995). Das Mitarbeitergespräch. Erster Schritt zu einem dialogischen Management. *Personalführung, 3,* 224 – 231.

Fiege, R., Muck, P. M. & Schuler, H. (2006). Mitarbeitergespräche. In H. Schuler (Hrsg.), *Lehrbuch der Personalpsychologie* (2. Aufl., S. 472–522). Göttingen: Hogrefe.

Fischer, U. (2000). Mitarbeitergespräche – Erscheinungsformen und Gestaltungsanforderungen. *Der Personalrat, 3,* 101–105.

Fisher, R., Ury, W. & Patton, B. (2004). *Das Harvard-Konzept* (22. Aufl.). Frankfurt: Campus.

Gebert, D. & Ulrich, J. G. (1990). *Erfolgreiches Führen im Kreditbereich.* Wiesbaden: Gabler.

Gebhardt, R. & Walz, H. (2001). Wer das Sagen hat, muss fragen. *managerSeminare, 47,* 22–30.

George, J. & Jones, G. (1998). The experience and evolution of trust: Implications for cooperation and teamwork. *Academy of Management Review, 23,* 531–546.

Gestmann, M. (2004). Mitarbeitergespräch über vier Etappen. *Personalmagazin, 2,* 56–58.

Gordon, T. (2005). *Managerkonferenz: Effektives Führungstraining* (19. Aufl.). München: Heyne.

Häcker, H. & Stapf, K.-H. (2004). (Hrsg.). *Dorsch – Psychologisches Wörterbuch* (14. Aufl.). Bern: Huber.

Hakelmacher, S. (1996). *Vom Teen-Ager zum Man-Ager. Über den Wolken der Spitzenleistungen* (2. Aufl.). Wiesbaden: Gabler.

Heaton, I. (1998). *Unveröffentlichtes Skript zur Einführung des Mitarbeitergesprächs bei Boehringer Ingelheim in Thailand.* DTC Dulwich Training Company.

Heine, S. (2006). Weg vom Kuschelkurs, *FAZ Nr. 287.*

Hölzl, F. & Raslan, N. (2006). *Schwierige Personalgespräche: Die besten Vorgehensweisen mit Dialog-Beispielen.* Freiburg: Rudolf Haufe.

Hölzle, P. (2000). Die Anwendung des Führungsinstruments „Zielvereinbarung" in der deutschen Wirtschaft. In O. L. Braun (Hrsg.), *Zielvereinbarungen im Kontext strategischer Organisationsentwicklung* (S. 75–100). Landau: Verlag empirische Pädagogik.

Hofbauer, H. & Winkler, B. (2004). *Das Mitarbeitergespräch als Führungsinstrument* (3. Aufl.). München: Hanser.

Hossiep, R. & Bittner, J. E. (2006). Reden wir drüber … – Der stille Erfolg des Mitarbeitergesprächs in deutschen Unternehmen. *Wirtschaftspsychologie aktuell, 2–3,* 41–44.

Hossiep, R. & Bräutigam, S. (2006). Personalauswahl und -entwicklung mit dem Bochumer Inventar zur berufsbezogenen Persönlichkeitsbeschreibung (BIP). In W. Simon (Hrsg.), *Persönlichkeitsmodelle und Persönlichkeitstests* (S. 136–158). Offenbach: Gabal.

Hossiep, R. & Mühlhaus, O. (2005). *Personalauswahl und -entwicklung mit Persönlichkeitstests.* Praxis der Personalpsychologie (Bd. 9). Göttingen: Hogrefe.

Hossiep, R., Paschen, M. & Mühlhaus, O. (2000): *Persönlichkeitstests im Personalmanagement. Grundlagen, Instrumente und Anwendungen.* Göttingen: Verlag für Angewandte Psychologie.

Hug, B. (2003). Menschenbilder. In T. Steiger & E. Lippmann (Hrsg.), *Handbuch Angewandte Psychologie für Führungskräfte. Führungskompetenz und Führungswissen* (2. Aufl., Bd. 1, S. 9–25). Berlin: Springer.

Jetter, W. (2004). *Performance Management: Strategien umsetzen – Ziele realisieren – Mitarbeiter fördern* (2. Aufl.). Stuttgart: Schäffer-Poeschel.

Jiranek, H. & Erdmüller, A. (2007). *Konfliktmanagement. Als Führungskraft Konflikten vorbeugen, sie erkennen und lösen* (2. Aufl.). Freiburg: Haufe.

Kador, F.-J. (1992). Das Mitarbeitergespräch dient der Motivation und Entwicklung. *Arbeitgeber, 19/44,* 680–685.

Kahlen, R. (2002). Fordern und Fördern – Mitarbeitergespräch. *Capital, 22,* 130–132.

Karnicnik, E. & Bischoff, J. (2000). Die Zielvereinbarung ist Basis für unternehmerisches Handeln. In F. Jetter & R. Skrotzki (Hrsg.), *Handbuch Zielvereinbarungsgespräche. Konzeption, Durchführung, Gestaltungsmöglichkeiten* (S. 104–111). Stuttgart: Schäffer-Poeschel.

Kempe, H.-J. (2002). Zielvereinbarungen – Ende der Mitarbeiterbeurteilung? *Arbeit und Arbeitsrecht, 4,* 166 - 170.

Kiefer, B.-U. (1996). Erfahrungsaustausch: Personalbeurteilung versus Mitarbeitergespräch. *Personal, 4,* 216–218.

Kienbaum, J. (2003). Königsdisziplin Mitarbeitergespräch. *Handelsblatt – Karriere & Management,* 14./15. November.

Kießling-Sonntag, J. (2000). *Handbuch Mitarbeitergespräche.* Berlin: Cornelsen.

Kießling-Sonntag, J. (2002). *Zielvereinbarungsgespräche. Erfolgreiche Zielvereinbarungen. Konstruktive Gesprächsführung.* Berlin: Cornelsen.

Knebel, H. (1994). Ersetzt das „Mitarbeitergespräch" formalisierte Beurteilungssysteme? *Personal, 2,* 61–66.

Knebel, H. (2003). Der Engpassfaktor „Mensch". Erfahrungen mit Personalbeurteilungen in der Praxis. *Personal, 9,* 12–15.

König, E. & Volmer, G. (2002). *Systemisches Coaching. Handbuch für Führungskräfte, Berater und Trainer.* Weinheim: Beltz.

König, S. & Rehling, M. (2005). *Evaluation von Mitarbeiter/innen-Vorgesetzten-Gesprächen in ausgewählten niedersächsischen Behörden: Eckdaten im Quervergleich.* Internes PerMit-Diskussionspapier Nr. 01–05. Oldenburg.

König, S. & Rehling, M. (2006). *Mitarbeitergespräche. Erfolgsfaktoren, Potenziale und Defizite in der öffentlichen Verwaltung* (Bd. 156). Düsseldorf: Edition der Hans-Böckler-Stiftung.

Koeppler, K. (2000). *Strategien erfolgreicher Kommunikation.* München: Oldenbourg.

Kratz, H.-J. (2001). *30 Minuten für zielorientierte Mitarbeitergespräche* (5. Aufl.). Offenbach: Gabal.

Kühlmann, T. M. (1984). Vertrauen – ein Schlüssel zum erfolgreichen Mitarbeitergespräch. *Personal, 7,* 279–281.

Langer, I., Schulz v. Thun, F. & Tausch, R. (2006). *Sich verständlich ausdrücken* (8. Aufl.). München: Reinhardt.

Leonhardt, W. (1991). Das „Mitarbeitergespräch" als Alternative zu formalisierten Beurteilungssystemen. In H. Schuler (Hrsg.), *Beurteilung und Förderung beruflicher Leistung* (S. 91–105). Stuttgart: Verlag für Angewandte Psychologie.

Leonhardt, W. (1993). Mitarbeitergespräch fördert Engagement und Leistung. *Arbeit und Arbeitsrecht, 9,* 260–261.

Leonhardt, W. & Riegsinger, G. (1986). *Seminarkonzeptionen. Anregungen und Beispiele für betriebliche Fortbildungsmaßnahmen und Weiterbildungsmaßnahmen.* Arbeitshefte Personalwesen, Bd. 10. Heidelberg: Sauer.

Likert, R. (1961). *New Patterns of Management.* New York: McGraw-Hill.

Lippmann, E. (2003). Gesprächsführung. In T. Steiger & E. Lippmann (Hrsg.), *Handbuch Angewandte Psychologie für Führungskräfte. Führungskompetenz und Führungswissen* (2. Aufl., Bd. 1, S. 279–302). Berlin: Springer.

Locke, E. A. (2001). Motivation by Goal Setting. In R. T. Golembiewski (Ed.), *Handbook of Organizational Behaviour* (p. 48). New York: Dekker.

Locke, E. A. & Latham, G. P. (1990a). Work motivation: The high performance cycle. In Kleinbeck, U., Quast, H.-H., Thierry, H. & Häcker, H. (Eds.), *Work motivation* (pp. 3–25). Hillsdale: Erlbaum.

Locke, E. A. & Latham, G. P. (1990b). *A theory of goal setting and task performance.* Englewood-Cliffs: Prentice-Hall.

Locke, E. A. & Latham, G. P. (2002). Building a practically useful theory of goal setting and task motivation. *American Psychologist, 57,* 705–717.

Lucas, M. (1995). *Hören, Hinhören, Zuhören: Die bessere Hälfte der Kommunikation.* Offenbach: Gabal.

McGregor, D. (1973). *Der Mensch im Unternehmen* (3. Aufl.). Düsseldorf: Econ.

McKnight, D. H. & Chervany, N. L. (2000). What is Trust? A Conceptual Analysis and an Interdisciplinary Model. In M. E. Chung (Ed.), *Proceedings of the Americas Conference on Information Systems, August 10–13, Long Beach, California* (827–833).

Mentzel, W., Grotzfeld, S. & Haub, C. (2006). *Mitarbeitergespräche. Mitarbeiter motivieren, richtig beurteilen und effektiv einsetzen* (6. Aufl.). Freiburg: Haufe.

Micheli, M. de (2004). *Leitfaden für erfolgreiche Mitarbeitergespräche und Mitarbeiterbeurteilungen.* Zürich: Praxium.

Molcho, S. (2006). *Körpersprache des Erfolgs.* München: Hugendubel.

Nerdinger, F. W. (1997). *Führung durch Gespräche* (2. Aufl.). München: Bayerisches Staatsministerium für Arbeit und Sozialordnung.

Neuberger, O. (1996). *Miteinander arbeiten – miteinander reden. Vom Gespräch in unserer Arbeitswelt* (15. Aufl.). München: Bayerisches Staatsministerium für Arbeit und Sozialordnung.

Neuberger, O. (2002). *Führen und Führen lassen. Ansätze, Ergebnisse und Kritik der Führungsforschung* (6. Aufl.). Stuttgart: Lucius & Lucius.

Neuberger, O. (2004). *Das Mitarbeitergespräch. Praktische Grundlagen für erfolgreiche Führungsarbeit* (6. Aufl.). Leonberg: Rosenberger.

Neumann, P. (2003). Gespräche mit Mitarbeitern effizient führen. In Rosenstiel, L. v., Regnet, E. & Domsch, M. (Hrsg.), *Führung von Mitarbeitern. Handbuch für erfolgreiches Personalmanagement* (5. Aufl., S. 253–268). Stuttgart: Schäffer-Poeschel.

o. A. (2003): „Sie sind alle so dumm, und ich bin ihr Chef." Über gute Führung und bessere Aussichten, Schwerpunkt: Führung. *brand eins,* 04, 112.

PEF Privatuniversität für Management (2003). *Forschungsbericht Bildungs- und Personalcontrolling im deutschsprachigen Raum, Juli bis September 2003.* Wien.

Pinnow, D. (2006a). *Führen. Worauf es wirklich ankommt* (2. Aufl.). Wiesbaden: Gabler.

Pinnow, D. (2006b). *Auf gut Glück oder alles unter Kontrolle: Wie vertrauen deutsche Manager?* Überlingen: Akademie der Führungskräfte der Wirtschaft GmbH (Eigendruck).

Prothmann, K. (2006). Möglichkeiten des Mitarbeitergesprächs als Online-Tool. In Thienel, A. (Hrsg.), *Webbasierte Assessments, Online-Akademien und Change Management Portale: Internetbasierte Systeme zur Personalauswahl, Personal- und Organisationentwicklung* (S. 137–149). Saarbrücken: VDM.

Putz, P. (1999). Nutzen der Evaluierung von Managementsystemen. *Personal, 51,* 502–505.

Rauen, C. (2003). *Coaching.* Praxis der Personalpsychologie (Bd. 2). Göttingen: Hogrefe.

Rauen, C. (2005). (Hrsg.). *Handbuch Coaching* (3. Aufl.). Göttingen: Hogrefe.

Rauen, C. (2006). (Hrsg.). Coaching-Tools: Erfolgreiche Coaches präsentieren 60 Interventionstechniken aus ihrer Coaching-Praxis (4. Aufl.). Bonn: ManagerSeminare.

Reinhardt, T. (2002*). Einstellungen und Erwartungen von Mitarbeitern im Pflegedienst gegenüber dem strukturierten Mitarbeitergespräch.* Dissertation, Albert-Ludwigs-Universität, Freiburg.

Reinhold, T. (2007). Der eingebildete Gesunde. *FAZ Nr. 110.*

Reppesgaard, L. (2005). Eben doch keine leichte Übung. *Handelsblatt, 15,* 21.01.2005, S. 6.

Rischar, K. (2006). *Schwierige Mitarbeitergespräche führen* (5. Aufl.). Hamburg: Feldhaus.

Rosenstiel, L. v. (2001). *Motivation im Betrieb.* (10. Auflage). Leonberg: Rosenberger.

Rosenthal, R. (1976). *Experimenter effects in behavioral research.* New York: Wiley.

Sabel, H. (1999). *Sprechen Sie mit Ihren Mitarbeitern!: Die Kunst, Mitarbeitergespräche erfolgreich zu führen, Signale im Gespräch zu erkennen und mit Konfliktsituationen umzugehen* (2. Aufl.). Eiblstadt: Lexika.

Saint-Exupèry, A. de (2000). *Der kleine Prinz.* Düsseldorf: Rauch.

Sarges, W. (1995). Bewerber-Interviews und Mitarbeiter-Gespräche: Engpaß Exploration. In Voß, B. (Hrsg.), *Kommunikationstraining* (S. 136–156). Göttingen: Verlag für Angewandte Psychologie.

Schaufelberger, M. (1992). Personalgespräch. In E. Gaugler & W. Weber (Hersg.), *Handwörterbuch des Personalwesens* (2. Aufl., Sp. 1700–1711). Stuttgart: Schäffer-Poeschel.

Scheffer, D. & Kuhl, J. (2006). *Erfolgreich motivieren – Mitarbeiterpersönlichkeit und Motivationstechniken.* Göttigen: Hogrefe.

Schein, E. (2004*). Karrieranker: Die verborgenen Muster in ihrer beruflichen Entwicklung.* Darmstadt: Lanzenberger Dr. Looss Stadelmann.

Scherm, M. (2005). (Hrsg.). *360-Grad-Beurteilungen.* Göttingen: Hogrefe.

Scherm, M. & Sarges, W. (2002). *360°-Feedback.* Praxis der Personalpsychologie (Bd. 1). Göttingen: Hogrefe.

Schmid, S. & Thomas, A. (2003). *Beruflich in Großbritannien. Trainingsprogramm für Manager, Fach- und Führungskräfte (Handlungskompetenz im Ausland).* Göttingen: Vandenhoeck & Ruprecht.

Schmidt, K.-H. & Kleinbeck, U. (2006). *Führen mit Zielvereinbarung.* Praxis der Personalpsychologie (Bd. 12). Göttingen: Hogrefe.

Schreurs, M. (1998). *Mitarbeitergespräche: Führungsinstrument der Zukunft.* Eschborn: RKW.

Schulz v. Thun, F. (1998). *Miteinander Reden: 1 Störungen und Klärungen + 2 Stile, Werte und Persönlichkeitsentwicklung.* Reinbek: Rowohlt.

Schulz v. Thun, F. (2006). *Praxisberatung in Gruppen: Erlebnisaktivierende Methoden mit 20 Fallbeispielen* (6. Aufl.). Weinheim: Beltz.

Schulz v. Thun, F., Ruppel, J. & Stratmann, R. (2003). *Miteinander Reden: Kommunikationspsychologie für Führungskräfte* (5. Aufl.). Reinbek: Rowohlt.

Simon, W. (2006). (Hrsg.). *Persönlichkeitsmodelle und Persönlichkeitstests.* Offenbach: Gabal.

Spencer, L. M. & Spencer, S. M. (1993). *Competence at work.* New York: Wiley.

Sprenger, R. K. (1991). *Mythos Motivation. Wege aus einer Sackgasse.* Frankfurt: Campus.

Sprenger, R. K. (2002). Führen für Erwachsene. *brand eins, 10,* 154–155.

Sprenger, R. K. (2005). *Aufstand des Individuums: Warum wir Führung komplett neu denken müssen* (2. Aufl.). Frankfurt: Campus.

Stadler, A. (o. J.). *Das Mitarbeitergespräch.* Broschüre der Arbeiterkammer Oberösterreich. Online im Internet: www.arbeiterkammer.at/www-2981-IPS-4.html.

Staehle, W. H. (1999). *Management* (8. Aufl.). München: Vahlen.

Steinert, C. (2001). *Feedback als Führungsinstrument.* Online im Internet: www.personalseite.de/aufsatz/steinert3.htm.

Steinmann, H. & Schreyögg, G. (2005). *Management – Grundlagen der Unternehmensführung* (6. Aufl.). Wiesbaden: Gabler.

Thiel, A. (2003). Führungsqualität Sprache. Zu den Prinzipien eines sachorientierten Mitarbeitergespräches. *Personal, 9,* 38–39.

Tosti, D. T. (2001). Feedback-Systeme. In Wittkuhn, K. & Bartscher T. (Hrsg.), *Improving Performance. Leistungspotentiale in Organisationen entfalten* (S. 161–182). Neuwied: Luchterhand.

Vollmer, G.-R. (1984). Das Mitarbeitergespräch – eine wirksame Alternative zur Leistungsbeurteilung? *Personal, 7,* 271–278.

Watzlawick, P., Beavin, J. H. & Jackson, D. D. (2007). *Menschliche Kommunikation* (11. Aufl.). Bern: Huber.

Weinert, A. B. (2004). *Organisations- und Personalpsychologie* (5. Aufl.). Weinheim: Beltz PVU.

Westermann, F. (2006). (Hrsg.). *Entwicklungsquadrat – Theoretische Fundierung und praktische Anwendungen.* Göttingen: Hogrefe.

Will, H. (1992). *Zielarbeit in Organisationen. Analyse, Bewertung und Entwicklung von Organisations- und Unternehmenszielen.* Frankfurt: Lang.

Wittkuhn, K. & Bartscher, T. (2001). Von der Analyse zur Handlung. Wie findet man die adäquate Intervention. In Wittkuhn, K. & Bartscher, T. *Improving Performance. Leistungspotentiale in Organisationen entfalten* (S. 115–120). Neuwied: Luchterhand.

Wompel, M. (1999). „Anwesenheit im Krankheitsfall." Effekte und Schlupflöcher von Effekten zur Fehlquotensenkung. *express, 1,* 7.

Wunderer, R. (2007). *Führung und Zusammenarbeit: Eine unternehmerische Führungslehre* (7. Aufl.). München: Luchterhand.

Anhang

Fragen zur Vorbereitung auf das Mitarbeitergespräch

FRAGEN ZUR ZUSAMMENARBEIT	
Sicht des Mitarbeiters (MA)	**Sicht des Vorgesetzten (VG)**
– Bin ich in ausreichendem Umfang eingearbeitet worden? – Sind die Arbeitsanweisungen meines VG klar und umfassend? – Verfüge ich über ausreichende Informationen zur Erfüllung der mir übertragenen Aufgaben? – Bin ich in der Lage, selbstständig zu arbeiten? – Werde ich von meinem VG hinreichend informiert? – Informiere ich meinen VG hinreichend über meine Arbeit? Gebe ich die für ihn wichtigen Fakten weiter? – Treten Missverständnisse auf? Wenn ja: Warum, wobei und wann? – Werde ich von meinem VG bei Entscheidungen beteiligt, die meinen Tätigkeitsbereich betreffen? – Ist mein Verhalten für den VG berechenbar/einschätzbar/kalkulierbar? – Ist das Verhalten des VG für mich berechenbar/einschätzbar/kalkulierbar? – Setzt sich mein VG mit Vorschlägen von mir auseinander? Gilt dies auch dann, wenn meine Vorschläge von seinen Vorstellungen abweichen? – Spricht mein VG offen mit mir über Arbeitsergebnisse und gibt er mir ein umfassendes Feedback? – Erhalte ich Lob oder Kritik von meinem VG?	– Ist der MA in ausreichendem Umfang eingearbeitet worden? – Gebe ich hinreichend klare Arbeitsanweisungen? – Habe ich die prinzipielle Bereitschaft, meine Einstellungen und mein Verhalten gegenüber dem MA nach diesem Gespräch ggf. zu korrigieren? – Verfügt der MA über genügend Informationen bzgl. der Zusammenhänge zwischen seiner Tätigkeit und den übergeordneten Zielen des Unternehmens? – Inwiefern ist der MA in der Lage, selbstständig zu arbeiten? – Informiert der MA mich so, dass sein Arbeitsbereich für mich hinreichend transparent ist? Erhält er durch mich die für ihn wichtigen Informationen? – Treten Missverständnisse auf? Wenn ja: Warum, wobei und wann? – Wird der MA von mir an Entscheidungen beteiligt, die für seinen Tätigkeitsbereich wirksam werden? – Ist mein Verhalten für den MA berechenbar/einschätzbar/kalkulierbar? – Ist das Verhalten des MA für mich berechenbar/einschätzbar/kalkulierbar? – Bin ich bereit, mich mit Vorschlägen meines MA auch dann auseinanderzusetzen, wenn sie von meinen eigenen Vorschlägen oder Vorstellungen abweichen oder ihnen gar zuwiderlaufen?

FRAGEN ZUR ZUSAMMENARBEIT (Fortsetzung)	
Sicht des Mitarbeiters (MA)	**Sicht des Vorgesetzten (VG)**
– Werden Fehler in angemessener Form konstruktiv kritisiert? – Bekomme ich ausreichend Hilfestellungen von meinem VG und gibt er mir Rückendeckung? – Trägt mein VG meine Entscheidungen und Handlungsfolgen mit? Wenn nicht, was sind die Ursachen? – Trage ich die Entscheidungen und Handlungsanweisungen meines VG mit? Wenn nicht, was sind die Ursachen? – Komme ich in Gesprächen ausreichend zu Wort? – Werden kritische Anregungen meinerseits aufgenommen und setzt sich der VG damit auseinander? – Erkenne ich die Führungskraft an? Wenn nicht, woran liegt dies? – …	– Wie offen bespreche ich die Arbeitsergebnisse des MA mit ihm? – Werden die Ursachen von Erfolg und Misserfolg fundiert ermittelt und angesprochen? – Erkenne ich die Leistungen meines MA an und kommt dies bei ihm auch entsprechend an (d. h. fühlt er sich anerkannt/gewürdigt/fair behandelt)? – Kritisiere ich in angemessener Form die Leistungen und/oder das Verhalten meines MA? Liegen Ursachen primär an den Umständen oder sind sie in der Person des MA zu suchen? – Gebe ich meinem MA Hilfestellungen sowie Rückendeckung? – Trage ich die Entscheidungen und Handlungsfolgen meines MA mit? Wenn nicht, was sind die Ursachen? – Trägt mein MA meine Entscheidungen mit? Setzt er sie wie besprochen um? – Hebe ich die individuellen Leistungen meines MA hervor und räume ihm z. B. Präsentationsmöglichkeiten auch gegenüber höheren VG ein? – Kommt mein MA in unseren Gesprächen ausreichend zu Wort? – Nehme ich kritische Anregungen des MA auf? Setze ich mich aktiv mit seinen Anregungen auseinander? – Erkenne ich frühzeitig bestehende Konflikte zwischen meinem MA und mir und bemühe mich um Klärung? – Werde ich von meinem MA als Führungskraft anerkannt? – …

FRAGEN ZUM AUFGABEN- UND ARBEITSUMFELD	
Sicht des Mitarbeiters (MA)	**Sicht des Vorgesetzten (VG)**
– Was sind meine zentralen Aufgaben und Anforderungen für die Erfüllung meiner Arbeit? – Sind meine Ziele widerspruchsfrei formuliert und klar abgesteckt? – Erkennt der VG meine Fähigkeiten? – Welche Schwerpunkte setze ich bei der Aufgabenerledigung? Gab es diesbezüglich schon einmal Probleme? – Konnte ich alle mir übertragenen Aufgaben in der dafür vorgesehenen Zeit erledigen? Falls nein, woran lag dies? – Gibt es zwischen den Kollegen innerhalb der Abteilung und darüber hinaus genügend Hilfestellung? – Funktioniert die gegenseitige Vertretung in Abwesenheit? – Sind die notwendigen Arbeits- und Betriebsmittel vorhanden? – Bin ich mit meinen eigenen Leistungen und Arbeitsergebnissen zufrieden? – Sofern der MA Führungsverantwortung trägt: Wie gehe ich mit meiner Führungsverantwortung in Bezug auf Motivation, Delegation, Information, Gesprächsführung, usw. um? – ...	– Wo liegen die zentralen Aufgaben und Anforderungen für das Arbeitsgebiet des MA? – Sind die Ziele für den MA widerspruchsfrei formuliert und klar abgesteckt? – Erkenne ich besondere Befähigungen oder Begabungen des MA und berücksichtige diese bei meinen Überlegungen? – Inwieweit erfolgt das Engagement des MA aus eigenem Antrieb? – Wo liegen aus meiner Sicht die Schwerpunkte bei der Aufgabenerledigung für den MA? Treffen diese noch zu? – Wie kommt der MA mit dem Arbeitsvolumen zurecht? Kann er seine Aufgaben in der regulären Arbeitszeit erfüllen? – Konnte der MA in der abgelaufenen Periode Aufgaben gar nicht oder nur in nicht angemessener Zeit abschließen? Wenn ja: Welche und warum? – Stehen dem MA notwendige Sachmittel zur Verfügung? – War die anfallende Arbeit nur mit einem zusätzlichen Aufwand zu bewältigen? Wenn ja, welcher Aufwand war dies (Zeit, Sachmittel, physische und psychische Belastung)? – Wie zufrieden bin ich mit den Leistungen und Arbeitsergebnissen des MA? – Wo liegen Chancen oder Notwendigkeiten der Verbesserung des Arbeitsverhaltens des MA? – Sofern der MA selbst auch Führungsverantwortung trägt: Wie geht er mit der Führungsverantwortung in Bezug auf Motivation, Delegation, Information, Gesprächsführung usw. um? – ...

FRAGEN ZU FÖRDER- UND ENTWICKLUNGSMASSNAHMEN	
Sicht des Mitarbeiters (MA)	**Sicht des Vorgesetzten (VG)**
– Wie lange übe ich meine jetzige Tätigkeit bereits aus? – Werden mir Fördermaßnahmen angeboten, die auf mich individuell abgestimmt sind und mir helfen, meine Schwächen zu vermindern und meine Stärken weiter auszubauen? – Entspricht meine Tätigkeit meinen Befähigungen und Interessen? Wo könnten meine Fähigkeiten anders oder noch besser eingesetzt werden? – Kenne ich das Personalentwicklungskonzept des Unternehmens? – Welche beruflichen Qualifikationen habe ich privat erworben? Werden diese vom Unternehmen honoriert? – Durch welche Fortbildungen könnte mein Profil erweitert bzw. verbessert werden? – Welche Potenziale sieht mein VG in mir? – Was haben bisherige Förder- und Entwicklungsmaßnahmen mir konkret gebracht? – …	– Über welchen Zeitraum übt der MA die jetzige Tätigkeit bereits aus? – Gibt es im Unternehmen Fördermaßnahmen, die es dem MA ermöglichen würden, den Anforderungen seines Arbeitsplatzes noch besser gerecht zu werden? – Welche Tätigkeiten entsprechen zur Zeit den Befähigungen und Interessen des MA besonders, welche weniger? – In welchem Arbeitsbereich könnte der MA ggf. anders oder auch besser eingesetzt werden? – Durch welche gezielten Fortbildungsmaßnahmen könnten die Fähigkeiten und Kenntnisse des MA weiter entwickelt bzw. trainiert werden? – Kennt der MA das Personalentwicklungskonzept des Unternehmens? Welche Konsequenzen ergeben sich für ihn daraus? – Zeigt der MA Interesse an neuen oder veränderten Anforderungen? – Wie schätze ich das Potenzial des MA ein (hinsichtlich Können und Wollen)? – Was haben bisherige Förder- und Entwicklungsmaßnahmen dem MA konkret gebracht? – …

<table>
<tr><th colspan="2">FRAGEN ZUR ZIELERREICHUNG UND ZIELVEREINBARUNG</th></tr>
<tr><th>Sicht des Mitarbeiters (MA)</th><th>Sicht des Vorgesetzten (VG)</th></tr>
<tr><th colspan="2">für die abgelaufene Periode</th></tr>
<tr><td>
– Welche Ziele gab es für das Unternehmen, die Geschäftseinheit, die Abteilung und meinen direkten Verantwortungsbereich?
– Welche Aufgaben und Ziele wurden in meinem letzten Gespräch vereinbart, und wie ist der Grad der Zielerreichung heute?
– Welche Faktoren haben den aktuellen Grad der Zielerreichung gefördert, welche ihn eher gehemmt?
– Was hat davon mit Fähigkeiten, mit Ressourcen, mit Verhalten oder externen Einflüssen zu tun? Spielen Dritte dabei eine Rolle?
– Was kann ich verbessern? – An der Arbeitsweise, im Kontakt mit Kunden und Kollegen?
– Welche Fragen habe ich an meinen VG? Welches Feedback möchte ich ihm geben?
– Was spricht für eine Gehaltsüberprüfung: Leistungssteigerungen oder qualifiziertere Aufgaben?
– Wobei kann es in der Beurteilung des abgelaufenen Jahres zu Wahrnehmungsunterschieden, abweichenden Einschätzungen oder Interessenkonflikten kommen?
</td><td>
– Wie schätze ich die Zielerreichung des Mitarbeiters ein?
– Welche Faktoren halte ich für das Zustandekommen des aktuellen Zielerreichungsgrades für entscheidend?
– Welche Ziele gab es für das Unternehmen, die Geschäftseinheit, die Abteilung und meinen direkten Verantwortungsbereich?
– Wobei kann es in der Beurteilung des abgelaufenen Jahres zu Wahrnehmungsunterschieden, abweichenden Einschätzungen oder Interessenkonflikten kommen?
– Was spricht für eine Gehaltsüberprüfung: Leistungssteigerung, qualifiziertere Aufgaben oder Umgruppierungen bei vergleichbaren Tätigkeiten anderer MA?
</td></tr>
</table>

<table>
<tr><th colspan="2">FRAGEN ZUR ZIELERREICHUNG UND ZIELVEREINBARUNG</th></tr>
<tr><th>Sicht des Mitarbeiters (MA)</th><th>Sicht des Vorgesetzten (VG)</th></tr>
<tr><th colspan="2">für die künftige Periode</th></tr>
<tr><td>– Wie und was kann ich zu den Zielen meiner Abteilung, meines Verantwortungsbereichs beitragen?
– Welche neuen Ziele sind für mein Arbeitsgebiet sinnvoll?
– Welche Ziele, die ich erreicht habe, haben Nutzen für das Gesamtsystem/-unternehmen gebracht?
– Wo liegen meine besonderen Stärken, die ich ins Unternehmen einbringen kann?
– Was kann ich tun, um meine Performance, meine Leistung, meinen Beitrag zu halten und weiter auszubauen?
– Welche Personalentwicklungsmaßnahmen benötige ich zur Erreichung meiner künftigen Ziele?
– Welche Personalentwicklungsmaßnahmen sind relevant für mein weiteres Fortkommen im Unternehmen über den jetzigen Verantwortungsbereich hinaus?
– Wodurch kann mich mein VG in der Erreichung meiner Ziele unterstützen?
– Welche Ziele würde ich mir selbst gern ins Mitarbeitergespräch schreiben?</td><td>– Wie kann mein MA zu den Zielen unserer Abteilung, unseres Verantwortungsbereiches beitragen?
– Wie kann ich meinen MA bei der Erreichung der Ziele unterstützen?
– Welche Zielüberprüfungen (Kontrollen) sind denkbar – Termine, Jour-fixe, Mini-MAG?
– Welche Personalentwicklungsmaßnahmen benötigt mein MA zur Zielerreichung?
– Wie sehe ich die weitere Entwicklungsplanung des MA über die aktuelle Verantwortung hinaus?</td></tr>
</table>

Ablauf des Mitarbeitergesprächs

VORBEREITUNG DES MITARBEITERGESPRÄCHS

Terminvereinbarung

Vorbereitung des MAG (ca. 2 Stunden)

↓

DURCHFÜHRUNG DES MITARBEITERGESPRÄCHS

Mitarbeitergespräch (ca. 2–3 Stunden)
Redeanteil: 60 % Mitarbeiter, 40 % Vorgesetzter

1. Kontaktaufnahme

Begrüßung und Gesprächseinstieg

↓

2. Informationsphase

Fortschrittskontrolle/Diskussion der (Gesprächs-)Zielerreichung der abgelaufenen Periode

↓

Fortschrittskontrolle/Diskussion der Zielerreichung der Ziele im Verhaltens-/Entwicklungs- und Teamzielbereich

↓

3. Argumentationsphase

Beurteilung der (Geschäfts-)Zielerreichung

↓

Planung neuer Geschäfts-Ziele

↓

Planung neuer Verhaltens-/Entwicklungs- und Team-Ziele

↓

4. Beschlussphase

Vereinbarung neuer Geschäfts-Ziele

↓

Vereinbarung neuer Verhaltens-/Entwicklungs- und Team-Ziele

↓

Schriftliche Fixierung der Vereinbarung und Austausch der Dokumente

↓

Vereinbarung eines ersten Mini-MAG/Zwischenzielkontrolle

↓

5. Abschlussphase

Reflektion des Gesprächsverlaufes

↓

Schriftliche Dokumentation

↓

Gesprächsabschluss (ggf. schriftliche Dokumentation)

↓

NACHBEREITUNG DES MITARBEITERGESPRÄCHS

FEEDBACK-REGELN (zum Umgang mit Rückmeldungen)

Rückmeldungen dienen dem Ziel, Mitarbeiter, Kollegen oder auch Vorgesetzte darüber zu informieren, wie ihr Handeln von anderen wahrgenommen, erlebt und/oder bewertet wird.

Voraussetzung für die Entwicklung einer zuträglichen Feedback-Kultur: Ein von Vertrauen und Offenheit geprägter zwischenmenschlicher Umgang. Ob das Feedback förderlich oder eher abträglich ist, hängt stark von der Art und Weise ab, wie es „rübergebracht" wird. Dazu gehört auch, dass Rückmeldungen mit dem Ziel der Verhaltensänderung oder -stabilisierung nur zu Bereichen gegeben werden sollten, die einer Veränderung prinzipiell zugänglich sind.

Empfehlungen für das Geben von Feedback:

- Verhaltensweisen und Handlungen sind lediglich zu beschreiben, Bewertungen – auch implizit – sollten unterbleiben.
- Rückmeldungen sind konkret auf abgrenzbares Verhalten in bestimmten Situationen zu beziehen – nicht auf die Person und deren Verhalten als Gesamtheit.
- Feedback sollte möglichst zeitnah zu den jeweiligen Wahrnehmungen und Empfindungen – nicht irgendwann später im Sinne einer „Abrechnung" – gegeben werden.
- Hilfreich ist zu beschreiben, welche Gefühle das Verhalten ausgelöst hat und wie es gewirkt hat (also z. B. „Ich habe … beobachtet, und das hat auf mich folgenden Eindruck gemacht: …"). Pauschale Diagnosen wie „Ihnen fehlt es offenbar an Zivilcourage" oder „Sie haben sich wohl nicht im Griff" sind zu vermeiden.
- Formulierungen sollten umkehrbar sein, d. h. so wie man es auch dem Gesprächspartner (hierarchieübergreifend!) gern gestatten würde, zu formulieren.
- Adressaten bzw. Empfänger sind nach Möglichkeit direkt anzusprechen. Feedback sollte nicht über Dritte weitergegeben werden. (Man sollte nicht über andere reden, sondern verstärkt mit ihnen.)

Empfehlungen für das Entgegennehmen von Feedback:

- Hören Sie aufmerksam zu. Fragen Sie (ggf. mehrfach) nach und klären Sie, was für Sie noch nicht hinreichend deutlich geworden ist.
- Argumentieren Sie nicht sofort. Versuchen Sie nicht direkt, sich zu verteidigen bzw. zu rechtfertigen und die Gründe für Ihr eigenes Verhalten darzulegen.
- Nehmen Sie sich ausreichend Zeit, um in Ruhe über das Feedback nachzudenken.

Anregungen für das Mitarbeitergespräch

Situationen	Gesprächsverhalten: *zuträglich*	Gesprächsverhalten: *abträglich*
Zuhören	– nicht sofort unterbrechen – nicht von sich erzählen – aussprechen lassen – erhaltene Informationen aufgreifen und ins Gespräch einfließen lassen	– reden, statt zuhören (von sich selbst erzählen) – unterbrechen – Ungeduld signalisieren
Offene Fragen stellen	– ermöglichen eine umfassende Antwort – „Ja“-/„Nein“-Antworten werden vermieden – bei Unklarheiten nachfragen, klären, konkret werden	– kompliziert oder undeutlich fragen (Fremdworte/Fachjargon verwenden) – suggestive Fragestellung – auf Klärung verzichten, nicht konkret werden – die gestellten Fragen selbst beantworten
Pausen aushalten	– warten auf das, was nach der Pause kommt – dem anderen Zeit lassen, die Antwort zu formulieren – nicht abkürzen	– „peinliches“ Schweigen durch Einführung neuer Themen überbrücken – auch eigene Fragen sofort selbst beantworten
Nicht zu früh Wertungen vornehmen	– berücksichtigen, dass Wertungen von Aussagen sowohl mit bestimmten sprachlichen Formulierungen als auch durch die Stimmlage wie auch Mimik und Gestik zum Ausdruck gebracht werden können	– Aussagen bezweifeln – geäußerte Gefühle und Werte zurückweisen – weise Ratschläge erteilen
Von der eigenen Meinung abweichende Aussagen zulassen	– bedenken, dass durch Anhören der Meinung des anderen neue Informationen gewonnen werden können – Widerspruch ertragen	– zu bestimmten Aussagen verführen – zu früh Lösungen anbieten – Druck auf den Gesprächspartner ausüben – sofort kontrovers diskutieren

Implementierungsprozess des MAG

Projektplanung	Modellentwicklung	Konkretisierung	Information und Training	Erprobung	Nachbereitung
– Definition der Ziele – Festschreiben von Zielen, die mit der Einführung des MAG verbunden sind – Festlegung der Rahmenbedingungen (u. a. zeitlicher Ablauf, beteiligte Personen/Abteilungen) – Information und Commitment des gesamten Vorstands	– Konzeption des MAG und der dazugehörigen Unterlagen – Ständige und zielführende Information der Beteiligten zum Stand des Projektes	– Erstellung von umfassendem Informationsmaterial (in Papierform und elektronisch) zum Thema MAG	– Vorstellung des MAG durch Vorstand/Geschäftsführung und Arbeitnehmervertretung – Schulung der Vorgesetzten in der Handhabung des MAG – Information und Schulung der Mitarbeiter zum MAG	– erste Durchführung von MAG – ständiger Erfahrungsaustausch	– Evaluation der Qualität der MAG – Kontinuierliche Qualitätskontrolle und Optimierung des gesamten MAG-Prozesses